LA PHYSIQUE

DES MIRACLES.

La croix de Migné. (D'après une estampe du temps, tirée du cabinet de M. E. Dentu.)

LA PHYSIQUE

DES

MIRACLES

par

WILFRID DE FONVIELLE.

PARIS

E. DENTU, LIBRAIRE-ÉDITEUR,

PALAIS-ROYAL, 17 ET 19, GALERIE D'ORLÉANS

—

1872

INTRODUCTION.

Je dois commencer par faire un aveu, une confession, est-il plus convenable peut-être de dire. En effet, ce terme sera mieux placé au frontispice d'une brochure que je consacre, bien malgré moi, à l'examen de fraudes que l'on a le tort de nommer pieuses, comme si elles n'étaient pas produites par la pire de toutes les impiétés.

Pendant une longue suite d'années, je n'attachai aucune espèce d'importance à toutes les histoires débitées par les thaumaturges sacrés ou profanes. Je ne m'inquiétai en aucune façon des marchands de miracles, sacristains, tourneurs de tables ou magnétiseurs; je croyais avoir assez fait pour la vérité en levant les épaules toutes les fois que j'entendais parler de ces histoires. contre lesquelles ma raison s'insurgeait.

Ce n'est pas que je croie que la science positive est en état de donner une explication de chaque chose. Je serais au désespoir si l'on pouvait croire que j'ai l'esprit assez borné pour me contenter des théories imparfaites à l'aide desquelles on berce la jeunesse dans les écoles où l'on s'imagine pénétrer le secret du monde. Mais je suis vraiment pénétré de l'idée que rien de ce qui dépasse notre raison ne la contredit expressément. Nous nous trouvons en présence de problèmes non expliqués et insolubles, mais nous ne sommes point exposés à voir démentir les enseignements de notre sens intime. En effet, je sais bien qu'il n'y a pas d'être assez puissant pour créer un bâton à un seul bout, pour confondre le bien ou le mal, et le cercle avec un carré. Je suis tout disposé à sacrifier aux dieux inconnus, pourvu qu'il ne m'en coûte rien de mon indépendance intellectuelle; car la logique à laquelle j'obéis en poursuivant la fraude, ne peut être qu'une portion de l'esprit même de la divinité. comme le dit Gœthe : « Esprit

sublime, qui te caches sous tant de phénomènes multiples, tu ne me fais pas peur,
car je te devine et je sens qu'après tout tu
ne peux être que semblable à moi. »

Vers le mois d'août 1867, un de mes amis
vint me raconter, en termes hyperboliques, les
miracles opérés par un simple soldat qui guérissait les malades d'une façon qui donnait le
vertige à la raison. Son procédé consistait à
passer en revue ceux qui venaient le trouver.
A peine s'il leur adressait la parole, à peine s'il
prenait le temps de jeter sur eux quelques
regards, et ils étaient guéris, tant le miracle
était rapide, tant la parole était souveraine,
tant les charmes étaient irrésistibles. Ces faits
merveilleux, dignes certainement du Christ,
se passaient dans la rue de la Roquette, à une
demi-portée de petit chassepot des cinq pierres
sacramentelles sur lesquelles se place la guillo-
tine, toutes les fois que la justice humaine guérit un criminel de sa perversité passée, future,
peut-être ?

Mon ami ajoutait, avec les plus vives ex-
pressions de l'enthousiasme, que le lieu des
séances de ce militaire, qui jouissait d'une

faculté si étrangère au métier des armes, était bloqué par des multitudes de malades, preuve vivante, bruyante, hurlante de la réalité de sa mission. Des foules compactes attendaient que le sauveur de l'humanité souffrante pût délaisser son trombone pour leur consacrer quelques instants. Ils attendaient la santé avec une impatience visible, comme jamais amante n'attendit son amant ! Que de malédictions contre le colonel et même contre le chef de musique, qui ne donnaient point, d'autorité, une permission permanente à cet homme merveilleux, qui l'empêchaient de répandre tous les jours des flots de santé sur la population parisienne ! Si on eût été en temps d'épidémie, de choléra ou même de variole, on eût fait une insurrection.

Mon ami me somma, avec toute l'autorité que donnent de vieilles relations de vingt ans, de ne point imiter l'indifférence de mes confrères de la grande ou de la petite presse, et de ne point garder sous mon boisseau une lumière aussi éclatante que le soleil ou la lune, pour le moins.

Je ne pouvais me refuser de me rendre à un appel aussi pressant ; j'allai donc rue de la

Roquette, et je n'eus pas de peine à trouver l'endroit qui me fut désigné. Une longue cour d'apparence assez pittoresque était remplie de personnes anxieuses s'échauffant l'une l'autre en se racontant des histoires fort extraordinaires, destinées à célébrer l'influence miraculeuse de quelques regards bénis.

Malgré mon scepticisme bien naturel, je ne pus me défendre d'être influencé par l'atmosphère superstitieuse que je respirai pendant deux longues heures avant d'être admis à l'honneur de m'entretenir quelques instants avec le trombone Jacob, c'était le nom du héros de cette aventure, qui est en train de se renouveler à Londres. Celui qui fait ainsi courir les dupes se nomme le docteur Newton ; il a mieux fait que de découvrir la théorie de l'attraction.

Je ne sortis point de l'étroit cabinet, où je n'aurais pas été admis si je n'avais décliné ma qualité de journaliste, sans concevoir les doutes les plus sérieux sur la réalité du pouvoir que l'on attribuait au zouave guérisseur, car lui-même était trop modeste pour s'attribuer aucun pouvoir : « On dit que je guéris, disait-il, avec une humilité touchante, pour moi je n'en sais rien ! C'est à vous de vous informer des guérisons que je peux faire ; pour moi, je ne m'en inquiète en aucune façon. » L'atmosphère de superstition n'eut pas l'effet de me rendre moi-même crédule. Cependant l'affluence extraordinaire de malades me semblait inexplicable, si la comparution dans le cabinet était dépourvue de toute espèce d'effets. Je crus donc devoir suspendre tout jugement jusqu'à plus ample informé ; et pour rendre mon enquête plus facile, je me bornai à publier dans la *Liberté* une sorte de procès-verbal de mon entretien.

Mon article, quoique plein de réticences, eut un retentissement immense, dont je fus moi-même effrayé. Dès le lendemain on s'étouffait non-seulement dans le passage, mais dans la rue de la Roquette elle-même. Comme cette rue sert de grande route pour le passage des corbillards, la police put croire un instant que le cimetière allait être bloqué. Singulière manière d'opérer des miracles pour un marchand de santé !

Quelques lignes tombées de ma plume obscure, ô miracle le plus grand de tous, avaient suffi pour faire du zouave un personnage presque aussi connu que Troppmann devait l'être quelques mois après. Je me consolai en pensant que tout ce tapage pourrait m'aider à faire mon enquête ; mais je ne tardai point à me trouver arrêté par le vague excessif des renseignements qui couraient comme articles de foi dans les rangs tumultueux de cette foule crédule. Je compris alors, mais trop tard pour cette occasion, qu'il ne faut jamais jouer avec ce feu infernal qui se nomme la superstition.

Jamais, quoique je me fisse aider dans cette enquête par une femme pénétrante, je ne fus capable de découvrir l'adresse d'un seul des boîteux qui avaient jeté leurs béquilles en l'air en sortant de la consultation, ni même d'une seule personne qui eût été guérie d'un mal défini. Je fus également hors d'état d'observer quelque chose qui ressemblât à une guérison sur des sujets impressionnables, affectés de maladies nerveuses, genre d'affections que l'on pouvait croire le zouave guérisseur apte à traiter. S'il se fût borné à opérer sur les malades imaginaires, quels services n'eût-il pas rendus! Il eût été encore le premier des docteurs; mais pas plus que Molière par le ridicule, le zouave guérisseur n'opérait par la crédulité.

Sur ces entrefaites, le maréchal Forey eut recours à la puissance mystérieuse de Jacob pour se débarrasser de rhumatismes qui le tenaient perclus. La visite de ce personnage donna naissance à des contes et à des commérages sans nombre; mais ces niaiseries, auxquelles le *Petit Journal* et les autres feuilles analogues donnèrent naissance, furent démenties par l'aide-de-camp du maréchal. Le scandale qui résulta de ces *communiqués* amena la suspension des visites, malgré les craintes d'émeutes que l'on avait habilement semées. L'autorité militaire avait renouvelé, avec un immense succès, le coup d'état plus difficile exécuté par l'autorité royale contre les convulsionnaires, il y a quelque cent cinquante ans. On aurait pu écrire de nouveau sur la porte de l'hôtel du zouave, un distique à l'imitation de celui qu'un plaisant charbonna jadis sur les murs du petit cimetière Saint-Médard :

« De par le colonel, défense, même à Dieu,
» De faire désormais un miracle en ce lieu. »

Je n'interrompis pourtant point mon enquête, et j'eus occasion d'entretenir longuement le héros de cette aventure, moins tragique que celle des filles qu'on martyrisait sur le tombeau du trop fameux diacre. Plus tard, je reçus successivement la visite d'un certain M***, qui était chargé d'introduire les malades. L'encombrement était si grand, l'arrivée du zouave si peu certaine, qu'il fallait ne pas avoir cent sous dans sa poche pour ne point chercher à s'affranchir des ennuis, des périls même de l'attente : comment ne point glisser une petite pièce d'or dans la main de l'homme compatissant qui vous avait averti par un télégramme, et qui vous réservait un numéro dans la distribution des cartons ? Comme tous les saints du monde, le zouave guérisseur avait sa sacristie.

J'espère que le lecteur m'excusera d'avoir insisté sur cet incident plus grotesque que sérieux. Mais je dois avouer qu'il a été pour moi un enseignement inestimable, et je pense que le lecteur a droit de connaître la génération des idées de l'écrivain auquel il fait l'honneur de s'intéresser

Dès ce moment j'ai compris qu'il était pour ainsi dire absurde d'appliquer les règles de la logique ordinaire à l'appréciation des mérites des gens qui spéculent sur la négation de toute logique. Combien dans cet ordre d'idées n'est-il pas dangereux, absurde, de mépriser des fraudes naïves sous prétexte que le subterfuge est apparent de lui-même, car les trucs les plus grossiers sont, dans ce cas, les meilleurs. Le succès n'est pas au plus intelligent, au plus brave, comme disait Homère, mais au plus fourbe, au plus impertinent.

Cependant je n'étais point encore décidé à entreprendre une campagne contre les marchands de miracles et les charlatans, lorsqu'une autre circonstance, en apparence futile, vint allumer mon zèle. Je vis alors le danger croissant de superstitions bien autrement condamnables. En effet, la foi dans la vertu miraculeuse du trombone guérisseur, ne sera jamais érigée en dogme d'État; il n'y aura jamais de docteur infaillible qui aura l'impudeur de chercher à vous l'imposer comme preuve de sa propre infaillibilité.

Un dimanche de la fin de l'été dernier, j'attendais paisiblement sur le quai de la station de Pontoise le train qui devait me ramener à Paris, lorsque je vis arriver en sens inverse des wagons chargés à rompre d'enfants, de femmes et même d'hommes, tous et toutes en grande toilette. Heureusement les essieux étaient, à ce qu'il paraît, de bonne qualité. Bientôt on tira d'un wagon de première une bannière de la sainte Vierge, derrière laquelle un curé et des chantres en surplis ne tardèrent point à venir prendre place. En même temps s'avançaient sur le quai d'autres ecclésiastiques qui étaient restés jusqu'à ce moment cachés dans quelque salle d'attente : ces derniers venaient bénir et encenser les arrivants. Je m'inquiétai d'où venait tout ce monde : on me dit que ce train de dévotion était composé des habitants de Sannois, qui accomplissaient un pèlerinage en mémoire d'une peste. Au commencement du XVIIe siècle, une épidémie à laquelle on donna ce nom avait désolé leur ville natale. Suivant une lé-

gende plus que suspecte, le fléau avait pris fin
à la sollicitation d'une Vierge miraculeuse qu'on
adore à Pontoise, et à l'intercession de laquelle
les bons Sannois s'étaient adressés. C'était ce
vœu que cette foule idolâtre venait accomplir devant moi. On faisait servir les chemins
de fer à s'acquitter d'une pratique superstitieuse antérieure à la Fronde, contemporaine,
si j'ai bonne mémoire, du règne ministé-
riel de Richelieu. En Angleterre, j'ai plus
d'une fois assisté à des excursions populaires; j'ai rencontré à certaine distance de
Londres ou des grandes villes, des sociétés
ayant un aspect analogue à cette procession à
la vapeur, si ce n'est qu'on n'y voyait ni bannières de la Vierge, ni prêtres en surplis,
ni des encensoirs, ni des bénitiers. Tantôt
ces voyageurs joyeux se rendaient sur le bord
de la mer, tantôt ils portaient leurs pas au
milieu des districts montagneux, tantôt ils se
rendaient sous les ombrages de quelque forêt
échappée à la coignée des bûcherons britanni-
ques. On peut dire que leur but était d'adorer
cette grande Vierge, toujours immaculée, qui
se nomme la Nature. En véritables pèlerins

scientifiques, ces voyageurs avaient pour ci-
cerone quelque professeur célèbre, qui leur
donnait des explications sur tous les objets
curieux qu'ils rencontraient. Gracieusement
groupés autour d'un vieillard à cheveux blancs,
hommes, femmes, enfants apprenaient l'histoire d'un fossile ou d'une fleur, d'un papillon ou
d'une montagne, d'une caverne ou d'un oiseau!
Ils prenaient place à des repas champêtres,
simples mais abondants, que la gaîté assaison-
nait, et auxquels faisait honneur un appétit
aiguisé par une longue promenade et par la
paix morale qui accompagne toujours un devoir
intellectuel accompli. Une fête champêtre improvisée et à laquelle les jeunes gens des deux
sexes prenaient part avec décence, mais avec
entrain, couronnait merveilleusement ces cu-
rieuses, instructives et émouvantes journées.
Exilé à la suite du coup d'État de décembre,
je songeais à la patrie absente, j'errais plutôt
auprès de ces fêtes que je ne m'y mêlais, je
sentais de grosses larmes couler de mes yeux!
C'est un sentiment de tristesse bien différent
que me fit éprouver le pèlerinage de Pontoise.

Nous avons commencé par faire d'abord à la

salle des Capucines, et ensuite dans la salle de la Redoute, des conférences sur la *physique des miracles*, qui ont obtenu un succès plus grand beaucoup qu'elles ne le méritaient, et que nous avons attribué à l'instinct public. Il nous a semblé que nous n'étions point seul à comprendre la nécessité d'opposer une digue à l'envahissement des marchands de miracles. Car tous les mouvements du piétisme ultramontain ont été signalés par des tentatives de violences nouvelles faites à la raison.

Dans la dernière année de la République française, au mois de septembre 1851, la cour d'appel d'Aix condamna à six mois de prison une fille nommée Rose Tamisier, qui se prétendait stigmatisée. Ce ne fut pas sans peine que cette commère reçut le juste châtiment de ses impostures. Le tribunal de Vaucluse, devant lequel l'affaire fut d'abord évoquée, avait rendu un jugement d'incompétence. Le journal le *Droit* ne donna qu'un compte-rendu incomplet des débats, omettant le rapport des experts et autres passages importants ; la *Gazette des Tribunaux*, prise subitement de piétisme, interrompit ses publications.

Cependant, sans cette poursuite, si paisiblement exécutée, si grotesquement atténuée, Rose Tamisier serait sans doute une sainte à l'heure qu'il est. Ce jugement, tout imparfait qu'il était, a sans doute mis fin aux impostures de cette fille, comme les tribunaux du Tyrol auraient pu arrêter les comédies des stigmatisées de ce pays. Mais quels sont les juges qui en auraient eu le courage, dans ces temps de jésuitisme chronique !

On n'a sans doute point oublié l'émotion produite par les deux frères Davenport, charlatans qui se faisaient renfermer dans une armoire où ils étaient attachés au milieu d'instruments de musique. Les spectateurs voyaient les mains des prétendus enchaînés se montrer audacieusement au-dessus des portes qu'on venait de clore. Cependant il se trouvait des gens pour s'imaginer que ces mains pouvaient appartenir à des esprits surnaturels; que des esprits pouvaient venir du monde invisible, afin d'avoir le plaisir de donner le branle à toutes ces cloches, à tous ces tamtams !

Quel était le fondement de ces ridicules commérages? Quand on ouvrait de nouveau l'armoire, on voyait les deux frères enchaînés de nouveau.

Il semblait que le plus simple raisonnement dût suffire pour démontrer d'une façon victorieuse que les deux spirites n'étaient que deux vulgaires imposteurs.

Vainement M. Robin montra sur son théâtre du boulevard comment étaient faits les nœuds qui paraissaient inextricables et desquels les frères Davenport pouvaient facilement se débarrasser en un clin-d'œil. Vainement il fit manœuvrer tous les soirs ces nœuds coulants, dans lesquels il était facile de se mettre soi-même des menottes en moins de temps qu'il ne faut pour l'écrire. Vainement cet habile physicien fit jouer pendant des mois entiers la pièce que d'effrontés imposteurs donnaient sur d'autres scènes. Il fallut que M. Ulysse Parent, vénérable d'une loge de francs-maçons, trouvât le moyen d'ouvrir subitement l'armoire pendant que les Davenport étaient déliés, au moment où ils s'étaient levés pour montrer leurs mains au-dessus des portes de l'armoire. A peine si la foule, qui les vit brusquement s'asseoir, se tint pour convaincue d'avoir affaire à deux charlatans ! Quand nous fîmes, le jour de la Noël 1869, notre première conférence à la salle des Capucines, il se trouva un auditeur pour défendre la bonne foi et l'authenticité de la mission des frères Davenport. Cependant nous venions de faire exécuter leur nœud par le fils de notre ami Tournier, jeune enfant qui n'a point encore six ans !

Mais croit-on que cette superstition tenace eût si longtemps persisté sans la connivence coupable des personnes qui prétendent éclairer les autres, connivence active et passive à la fois, s'il est permis de s'exprimer ainsi ?

Le règne des Davenport eût-il fait époque si nous n'avions vu un écrivain, prétendu scientifique, collaborateur d'une des principales feuilles démocratiques, leur donner une sorte de certificat timide ? Eût-il duré surtout si l'on avait employé à démontrer la fraude, la vigueur et le style que la vue des fourberies et des fourbes doit exciter chez des esprits sains ? Le principal obstacle à la condamnation des fraudes est la connivence quélquefois intéressée . coupable. des gens qui

prétendent qu'on n'écoutera point les accents
de la raison.

Nous avons donné une de nos conférences
dans le même local où le célèbre Robertson,
aéronaute du commencement de ce siècle, a
tenu ses premières séances de fantasmagorie.
Ne nous est-il pas permis de citer l'exemple de
ce hardi physicien qui renouvela, pour ainsi
dire, un art entier, afin de convaincre d'imposture le charlatan Cagliostro? N'y a-t-il pas
pour les successeurs de Robertson un art nouveau à créer de toutes pièces, pour triompher des fraudes des successeurs de Cagliostro?

Nous examinerons avec une attention beaucoup plus scrupuleuse les supercheries des
hommes se disant revêtus d'un caractère sacré,
ou l'objet d'une manifestation directe de la
puissance de la divinité.

Nous n'avons en aucune façon l'intention
d'opposer la raison à la théologie et de discuter
la valeur des dogmes ou des livres sacrés.
Nous ne nous occuperons point dans cet ouvrage
des miracles qui ont reçu ce que l'on pourrait
appeler la consécration du temps, si le temps

pouvait jamais consacrer des histoires qui répugnent à la raison , laquelle, ayant la prétention de construire son édifice pour l'éternité, plane sur tous les siècles de la hauteur de l'absolu. Mais où en serions-nous s'il suffisait d'avoir le droit de porter soutane pour pouvoir impunément pervertir un peuple par la mise en œuvre d'un merveilleux de contrebande?

Je terminerai cette introduction déjà longue par deux anecdotes qui, je l'espère, répondront suffisamment à la question que je viens de poser un peu timidement.

Le *Times* nous apprend qu'un bandit des États-Romains, qui était parvenu à s'échapper, mit dans le plus grand des embarras les gendarmes pontificaux lorsqu'ils parvinrent à le rattraper. En effet, il leur raconta, avec un sang-froid digne d'un cardinal ou d'un sacristain, que c'était la sainte Vierge elle-même qui avait pris la peine de faire tomber ses fers!

Une aventure analogue arriva en Espagne, quelques années avant la chute de la reine Isabelle.

On trouva dans le sac d'un soldat un sucrier

en argent qu'il avait volé. Sans se troubler, le soudard répondit que c'était saint Jacques de Compostelle qui le lui avait donné.

Quoique fort catholique, l'Espagne l'était, pour son bonheur, moins que le domaine de saint Pierre. Au lieu de relâcher le soldat, ainsi que l'avait été, je crois, le galérien, on le mit entre les mains de la justice ecclésiastique, comme s'il s'agissait d'un cas réservé. L'ami de saint Jacques de Compostelle fut jugé, et qui plus est, si j'ai bonne mémoire, il fut condamné.

Toutefois, nous ne croyons pas nécessaire de nous occuper des miracles anciens, dont l'existence ne repose que sur une tradition incertaine et de longue durée. Les chances de mauvaise foi des témoins ou des narrateurs sont si grandes, qu'il paraît puéril de s'occuper de pareils événements, tels que l'ascension du prophète Elie, la cruche inépuisable du prophète Elisée, le passage de la mer Rouge par les Hébreux, la transfiguration du mont Thabor. Nous préférons nous restreindre à des cas contemporains, et dont cependant nous ne nous porterons point garant. car trop d'exemples récents nous prouvent que l'esprit de parti peut dénaturer des faits accomplis dans le prétoire, devant le tribunal même appelé à les juger. N'avons-nous pas vu des hommes condamnés pour avoir prononcé des menaces de mort qui avaient été proférées contre eux ?

Soyons donc plus réservé avant de discuter longuement des merveilles qui auraient été aperçues sous César ou sous Constantin.

Il y a également dans les miracles une partie purement subjective tenant aux dispositions morales ou physiques du témoin, qui est le plus souvent du domaine, non de la physique, mais de la physiologie.

Nous laisserons de côté cet immense sujet, qui mériterait d'être traité à part, car il entraînerait à lui seul plus de développements que celui dont nous nous occupons en ce moment.

Partisan déterminé de l'initiative individuelle, à la puissance de laquelle nous persistons à croire, nous ne demandons point à l'autorité publique de poursuivre, pour délit de fausse nouvelle, les dévots qui viendraient nous apporter des lettres de la sainte Vierge ou même de Jésus-Christ. La philosophie ni la raison ne gagneraient qu'on leur appliquât des peines analogues à celles qui attendent les journalistes correspondant avec de simples soldats. Mais nous devons nous montrer dignes de nous présenter comme les procureurs généraux de la raison. Notre plume doit avoir la force de percer le froc hypocrite et de faire lever la tête au paysan abruti. Sous prétexte que le progrès des lumières est une garantie suffisante pour la sécurité des conquêtes de la philosophie, nous devons nous garder de laisser la liberté de la fraude à nos marchands de miracles contemporains.

Justiciables de notre critique, ces imposteurs doivent être flagellés sans pitié! Puisque le Christ ne descend pas du ciel pour chasser les marchands du temple, ce sont ceux qui ne s'occupent point du Christ qui doivent prendre en main le fouet vengeur, et faire cesser ce scandale, indigne du siècle de la vapeur, de la photographie et de l'électricité.

De nos jours, les volontaires de la libre pensée, qui voudraient tuer les sorciers ou les loups-garous, n'iront plus fondre leurs balles dans la chapelle de Saint-Hubert, comme les crédules esprits forts du moyen-âge. Mais ils devront avoir recours à la fois à la science, à la philosophie, au courage civique ; car la battue qu'ils veulent opérer dans les broussailles de la superstition est plus difficile, plus rude, plus dangereuse que s'ils allaient débusquer des tigres ou des serpents.

Que de fois de prétendus élèves de d'Alembert et de Diderot, que de savants bâtés et patentés, n'ont point honteusement abaissé leurs armes, quand il était facile de porter le coup de la mort à des monstres hideux forgés dans les insipides loisirs des cloîtres ! Ne nous est-il donc point permis de formuler, avec quelque espoir de le voir couronner, un vœu véritablement bien modeste ? Puisse, non point la génération présente, mais celle qui nous suivra sur la terre, ne plus connaître les foires aux superstitions !

LA PHYSIQUE
DES MIRACLES

CHAPITRE I.

TABLES TOURNANTES ET ESPRITS FRAPPEURS.

. C'est en 1849 que l'on entendit parler pour la première fois du spiritisme. Trois jeunes filles, parmi lesquelles les deux sœurs Fox, prétendirent avoir eu l'intuition d'un monde nouveau ; ces trois inspirées avaient trouvé le moyen de se mettre en rapport avec les puissances invisibles qui nous entourent. Les deux sœurs Fox parurent en public à Rochester, dans le Cornulhian Hall, le 14 novembre de la même année. Une commission, composée exclusivement d'hommes, se prononça sur l'authenticité des phénomènes miraculeux produits par ce couple de charlatans féminins. Ce précieux rapport fut contrôlé par une commission de femmes qui abondèrent dans le même sens, et, de proche en proche, la peste spirite se répandit sur le territoire de l'Union avec une rapidité inouïe. La fondation du mormonisme avait montré que la jeune Amérique est une terre fertile où les superstitions les plus étranges peuvent prospérer; mais le développement du spiritisme, qui s'intro-

2

duisit en Europe par Brême, ne tarda point à convaincre les gens impartiaux que le vieux monde n'avait rien à envier à son frère cadet, sous le point de vue d'une endémique crédulité. En France, où l'on était dans une période de déraison, le spiritisme trouva le terrain préparé ; il fit explosion avec une fureur inouïe.

Les inventeurs de ces sottes et ridicules pratiques ne sont que de vulgaires plagiaires de momeries insensées, en usage au moyen-âge. En effet, nous trouvons dans le *Traité des Superstitions*, par l'abbé Thiers, ouvrage publié à la fin du XVIIe siècle, la preuve que les marchands de miracles faisaient tourner un tamis (chapitre X, page 55), en récitant des psaumes qu'il omet prudemment de citer, et en imposant les mains. Du tamis au chapeau dont se sont souvent servis les charlatans spirites, la distance n'est point grande, et la rotation du chapeau n'est autre que la rotation de la table mise à la portée de médiums n'ayant pas les moyens de faire grand. L'abbé Thiers parle encore dans son précieux ouvrage, sur lequel nous aurons tant de fois l'occasion de revenir, d'un exercice familier aux charlatans spirites de nos jours. Un anneau, suspendu à un fil que l'on tient par pression entre deux doigts, est placé au-dessus du centre d'un verre ; il doit se mettre en mouvement de lui-même, et frapper autant de coups qu'il en faut pour indiquer l'heure qu'il est. Le bon abbé Thiers se sert de cette horloge économique pour prouver que tous ces tours sont l'œuvre du démon. Son argumentation mérite d'être citée comme

spécimen des raisonnements que les habitudes théologi-
ques imposent fatalement aux meilleurs esprits, et auxquels ils ne peuvent se soustraire, même lorsqu'ils sont
occupés à combattre des erreurs et des superstitions. Le
cardinal Cajetan, qui voulait savoir à quoi s'en tenir
sur les évolutions de l'anneau, se mit dans la position
indiquée, récita le psaume dont les spirites modernes se
dispensent, et attendit inutilement les mouvements de
l'anneau, qui ne bougea pas. Pourquoi? dit l'abbé Thiers.
Parce que le cardinal Cajetan avait fait l'expérience avec
l'intention de rendre hommage à Dieu. Le docte abbé
s'exprime en termes que nous ne pouvons nous empêcher
de citer, à l'usage des dupes de nos modernes enchanteurs, et de ceux surtout qui se dupent eux-mêmes; car
souvent, sans s'en douter, on aide à l'apparition du
miracle par un petit mouvement. Il faut si peu, du reste,
pour ébranler l'anneau, qu'on peut se hâter d'oublier
que l'on a triché.

« Comment, disait l'abbé Thiers avec beaucoup de force,
le mouvement de la lune et du soleil pourrait-il forcer
l'anneau à se heurter contre les parois du verre, puisqu'il
n'y a rien de naturel dans la division de la journée en
heures? Comment se ferait-il que l'anneau battrait un
coup à une heure, et non treize, pour compter les heures
comme en Italie? Serait-ce parce qu'à cause du moindre
nombre de coups à donner, le sortilége serait plus facile
à exécuter chez nous que de l'autre côté des Alpes, en
Italie? » Voltaire, dans son *Dictionnaire philosophique*, n'a rien jamais dit de plus net, de plus vrai.

Nous avons vu marcher plusieurs fois avec succès l'horloge économique des spirites, et nous l'avons nous-même mise plusieurs fois en mouvement sans aucune difficulté, quoique nous ne sachions même pas le nom du psaume de l'abbé Thiers. Il est bien difficile en effet de voir le moment où l'opérateur donne le petit coup de pouce microscopique dont l'abbé Thiers et le cardinal Cajetan ignorent l'un et l'autre l'existence, et dont nous dirons quelques mots plus bas.

Les spirites contemporains ont donné à ce tour une forme un peu différente, sous le nom de pendule. Au lieu de sonner les heures dans un verre, ce qui n'est plus suffisant, ils font mouvoir l'anneau d'après les ordres d'un compère qui reste à distance du médium, qui tient le fil portant l'anneau entre ses doigts, et avec lequel il se prétend en communication mystérieuse. On peut remplacer l'anneau, qui est considéré comme trop léger, par une clef, par une montre : la seule condition physique, c'est que le poids de l'objet soit suffisant pour tendre la corde, et qu'il ne dépasse pas un certain maximum que nous n'avons aucun intérêt à fixer. Le mouvement de la circulation ne tardera point à imprimer de petites vibrations que l'on amplifiera facilement si l'on a la précaution de bien pincer le fil à l'instant où, dans son balancement, l'objet passera par la verticale du point de suspension. Il suffira de la moindre impulsion, tout à fait imperceptible, pour augmenter l'arc d'oscillation, si on saisit le moment où le fil commence à revenir pour le pousser. On peut produire le même effet en diminuant le frottement exercé par le fil contre la peau lorsqu'il s'écarte de la verticale du point de suspension.

Les écrivains spirites, qui se pâment d'aise devant toutes ces sornettes, disent qu'il faut que l'objet ait un certain poids pour que le fluide arrive à se transmettre de la main à l'anneau. La raison est excellente si par ce fluide on désigne la gravité! Quant à la transmission de la volonté du médium à son compère, elle s'explique par des signaux convenus, dans la manière dont les questions sont posées, ou par des conventions antérieures. Plus il y a de dupes intercalées, plus l'effet est saisissant pour ceux qui ne demandent qu'à se laisser duper.

Faraday a fait sur les tables tournantes des expériences qui ont éclairé la question. En effet, l'illustre physicien a montré que les tables devenaient indociles lorsque l'on interposait de la poudre de talc entre la surface supérieure et les doigts des opérateurs. Ceci démontre que les charlatans médiums ont besoin du contact intime de leur peau et de la table pour que les petites impulsions volontaires qu'ils impriment puissent se totaliser. Peut-être les médiums renommés ont-ils quelque secret pour augmenter l'adhérence de leur épiderme avec la table qu'il s'agit d'ébranler. Faraday, qui appartenait à une secte chrétienne extatique, et qui croyait facilement à la bonne foi des marchands de miracles, ne parle que de la totalisation des impulsions involontaires. Nous croyons que Faraday a raison pour les dupes qui contribuent au succès d'une expérience en suivant, sans s'en douter, l'impulsion donnée par un fripon quelconque. Nous

2*

croyons difficilement qu'une table, quelque légère qu'elle soit, ait tourné sans que d'adroits coups de pouce aient aidé la *sommation des petites impulsions involontaires*. Toutefois, comme M. Paul Bert l'a fait remarquer dans sa conférence à la Sorbonne sur les actions sympathiques, les mouvements instinctifs se communiquent de proche en proche comme le bâillement ou le rire convulsif, et les actions même volontaires deviennent quelquefois instinctives, c'est-à-dire, échappent temporairement à la domination du cerveau. (Voir le numéro 17 de la *Revue des Cours publics* pour l'année 1870.)

Quant à ces grandes expériences de tables quittant toutes seules le sol, et donnant des phénomènes de suspension miraculeux, il n'y a qu'une réponse à faire : c'est que jamais ils n'ont été constatés; ils n'existent que dans les comptes-rendus des adeptes. Le fameux Home, qui avait le soin de s'entourer de ténèbres pour opérer. n'a jamais réalisé ce tour d'escamotage, quoi que l'on ait pu dire à ce sujet. Voici quelques-uns des tours qu'il a exécutés, et la manière dont il s'y prenait. Il faisait éteindre les lumières, et lorsqu'on les allumait de nouveau, on voyait des caractères magiques tracés au plafond, à une distance où sa main ne pouvait atteindre. On criait au miracle ; mais le truc était très-simple pour un escamoteur exercé. Home portait sur lui une plume avec un manche rentrant, fabriqué avec le plus grand soin. A l'état ordinaire, il n'était guère plus gros qu'un crayon : mais développé, il devenait aussi long qu'une ligne ordinaire à pêcher les goujons. Il déployait instantanément

cette ligne et la reployait avec une extraordinaire vivacité ; car, dans les tours d'escamotage comme en toute
chose, la théorie est bien loin de suffire ; on peut dire
qu'elle n'est que le petit commencement de l'exécution.
Les dupes royales ou autres ne tardaient point à crier
au miracle. Home profitait rapidement de leur enthousiasme pour exécuter certains petits tours de société qui
n'eussent surpris personne si Home n'avait travaillé avec
ses pieds, au lieu de travailler avec ses mains, comme
M. Robin, M. Comte et les faiseurs de tours avoués.

Mais quand un artiste travaille avec ses pieds, le public
est indulgent ; on ne demandait point à Ducornet d'être
un Raphaël, et de nos jours non plus, on ne demande
point au Hongrois Mithau d'être un Paganini.

Home ne portait point de bas ; ses pieds nus étaient
dans des souliers qu'il quittait et reprenait avec une
grande dextérité. Cette disposition de sa toilette lui permettait d'escamoter mille menus objets placés sous la
table, et dont il voulait se débarrasser. Ajoutons que ce
stratagème ne périra point ; il a été adopté par les voleuses de dentelle, chez lesquelles ce truc est en grande faveur, et qui remercient Home chaque fois qu'elles peuvent
ramasser un rouleau habilement précipité du comptoir
d'un marchand de nouveautés.

Home alla à Londres, où j'eus occasion de le voir ;
mais il refusa de travailler devant moi, me donnant un
rendez-vous ultérieur auquel il s'empressa de manquer,
bien entendu.

Dans les derniers temps du spiritisme, on nous a raconté des merveilles encore plus grandes, dont il a été rendu compte dans les journaux de médecine, et qui, après avoir été exécutées à Strasbourg, ont fait leur apparition à Paris. Pour répondre aux critiques de plus en plus vives, les charlatans spirites avaient imaginé de faire tourner en même temps les opérateurs et la table. Les opérateurs, choisis du reste parmi des enfants peu lourds, étaient placés sur des siéges adhérents à la table et que la table entraînait dans son mouvement. C'est bien ici le cas, ou jamais, de dire que celui qui veut trop prouver arrive à ne plus rien prouver du tout; car on ne tarda point à reconnaître que le pivot était immobile, et qu'il recevait le mouvement par un arbre de couche placé dans le plancher, préalablement creusé. Pour juger de l'effronterie des propagateurs de ce système, il est indispensable de copier quelques passages d'un compte-rendu approbatif, que nous avons trouvé inséré dans l'*Union médicale* :

« De semblables appareils, s'ils sont jamais importés aux Champs-Élysées et dans les bals publics, compromettront l'industrie lucrative des chevaux de bois et des fauteuils tournant sur pivot. »

O progrès ! ô civilisation ! ô sciences ! où donc s'arrêteront vos prodiges ? O sottise humaine ! dirons-nous, où t'arrêteras-tu ? Car cette idiote expérience a été répétée à Paris devant le rédacteur en chef de la *Presse médicale,* et ce docteur a écrit une longue lettre approbative à son confrère, l'auteur du livre étrange d'où nous extrayons ces détails.

Parmi les manifestations inexplicables ou prétendues

telles qui accompagnaient les manœuvres des spirites, figuraient les bruits des esprits frappeurs, et l'on avait même imaginé un alphabet spécial, destiné à servir à ces étonnantes manifestations. Le truc fut longtemps à se découvrir ; il était en effet d'invention récente et probablement avait été suggéré aux sœurs Fox par quelque physicien. Le secret de ces tours d'escamotage fut découvert sur le théâtre de M. Robin, qui imagina de donner le tambour du zouave mort à Inkerman. Ce véritable esprit frappeur venait battre la grosse caisse à la volonté du conjureur, mais il y avait dans l'intérieur une batterie organisée à l'aide d'un électro-aimant ; le courant moteur passait par le fil qui servait à la suspension.

Des appareils de même nature, mais de dimensions beaucoup plus faibles, étaient logés dans les boiseries des appartements, où les spirites donnaient leurs séances. Quelquefois même ils étaient cachés dans les tables, et les mouvements électriques étaient donnés à l'aide de commutateurs imperceptibles. Dans quelques appartements, les appareils étaient multiples, ce qui ajoutait à l'illusion.

Les télégraphes secrets pour les spirites étaient moins dispendieux à établir que les sonneries électriques en usage actuellement dans un si grand nombre de maisons. C'était bien à la patrie de Morse qu'il devait appartenir de porter à l'extrême la perfection de ce mode de supercherie, mais même à Londres, la fabrication des pièces électriques à l'usage des manifestations spirites a été très-perfectionnée. Un honnête industriel qui s'était adonné pendant longtemps à ce genre d'exploitation, a eu l'extrême effronterie, vers la fin de 1869, de faire, par la voix du *Times*, ses confessions publiques. Même si le fabricant eût gardé son secret de polichinelle, le spiritisme ne se fût pas relevé des coups qu'il a heureusement reçus dans ces dernières années. Malgré les publications d'Allan Kardec et d'autres qui affichaient la prétention de séparer le vrai spiritisme du faux, la chute des Davenport avait frappé au cœur le charlatanisme prétentieux apporté d'Amérique.

La leçon vaut bien l'argent qu'elle a coûté à certaines dupes. Puisse-t-on ne point l'oublier de sitôt, et en profiter complétement.

Le réveil de l'esprit public a été heureusement fatal à toutes ces extravagances. Les successeurs d'Allan Kardec sont loin d'avoir imité les successeurs d'Alexandre : car, loin de déchirer en lambeaux son empire, ils semblent l'avoir laissé tomber en déshérence !

Toutefois, il ne faut pas croire qu'un charlatanisme qui prétendait être à la fois une religion et une philosophie soit mort en réalité. Certains adeptes continuent *leur œuvre*, après s'être affranchis de tous les moyens matériels, qui offraient l'inconvénient de donner un procédé pour constater la fraude. Maintenant messieurs les spirites nous échappent, parce que les esprits leur inspirent directement les pages qu'ils veulent révéler à l'humanité par leur intermédiaire.

Dorénavant la mission du spiritisme n'aura plus qu'une preuve possible, la qualité de la révélation : c'est ainsi que Mahomet disait avec orgueil à ceux qui niaient la réalité de sa mission divine : « Dis-leur, à ces infidèles, de faire un livre qui puisse se comparer au Coran. » Il y avait quelque chose de grand, d'héroïque, de fondé même dans cette orgueilleuse prétention, non que le livre des révélations de Mahomet doive être considéré comme rigoureusement parfait, mais au moins faisait-il quelque honneur à l'ange Gabriel. Il a pu servir de modèle à la littérature arabe, qui est, comme on le sait, une des plus soignées, des plus cultivées qu'ait produites l'humanité. Quant au produit des inspirations contemporaines, il ne pourrait servir que de modèle de ridicule et de stupidité.

Nous ne pouvons comparer ces conversations avec Pythagore et les grands hommes de l'antiquité, qu'aux correspondances que M. Vrain Lucas préparait pour l'académie des sciences, et que M. Michel Chasles présentait à cette compagnie stupéfiée !

Ce n'est point sans motif, sans raison sérieuse, que nous insisterons ici, et plus tard encore, sur cet exemple mémorable de la crédulité d'une espèce d'aristocratie intellectuelle. En effet, ni le spiritisme, ni les superstitions analogues ne s'attachent à l'ignorance ; on peut dire, hélas ! que les plus déplorables ravages de ces lèpres se produisent surtout chez les esprits cultivés.

Pourquoi l'éducation n'a-t-elle point été un *antidote* efficace, surtout lorsqu'elle était scientifique ? Est-ce parce que l'éducation est de sa nature impuissante à donner des forces à la raison ? En aucune façon, c'est parce que l'éducation que l'on donne à la jeunesse est viciée par des ménagements indignes d'un siècle civilisé.

Croit-on que les gens qui ont fait leurs humanités montreraient la même crédulité, si, dès leur plus tendre jeunesse, on les avait habitués à cultiver leur raison, si l'on avait empêché leurs instituteurs ou leur nourrice de les bercer avec des contes plus dangereux que ceux du Petit-Poucet ou de la Mère-l'Oie, parce qu'ils sont plus absurdes et qu'on les prend davantage au sérieux !!

Ne jamais cesser de sacrifier au bon sens, voilà le vrai remède contre les entreprises des charlatans de toute nuance. Voilà le moyen sûr de comprendre la nature, dont les magnifiques spectacles donneront des ailes sublimes à l'imagination, quand l'imagination, échappant aux étreintes de la superstition, aura la force de les saisir.

Un célèbre astronome me disait, il y a quelques jours : « Si je n'étais pas trop vieux, je recommencerais ma carrière, au point de vue mécanique, je m'habituerais à proportionner toujours la cause à l'effet. »

Nous regrettons de ne point être autorisé à nommer l'homme éminent qui a prononcé devant nous cette parole. Dans ce monde tout rempli de merveilles, nous n'avons pas crainte de stériliser la folle de la maison en détruisant la foi dans les miracles. Nous ne ferons que donner au vrai génie des forces nouvelles, en l'empêchant de s'épuiser dans des conceptions chimériques, absurdes, malsaines.

CHAPITRE II.

LES GUÉRISSEURS DE HAUT PARAGE.

La prétention du zouave Jacob, dont nous avons raconté l'histoire dans notre introduction, ne paraît pas avoir été plus neuve qu'elle était fondée. En effet, nous trouvons à la page 460 du tome Ier du livre de notre savant abbé, l'histoire d'un garde champêtre, humble émule de Jésus-Christ et d'Apollonius de Rhodes, que le trombone de 1867 paraît avoir imité. « Je connais, dit l'abbé Thiers, un sergent de village qui récite l'oraison suivante pour tous les malades, pour tous les blessés qui se présentent à lui, afin d'être guéris miraculeusement : « Au nom du Père et du Fils, du Saint-Esprit, de madame sainte Anne qui enfanta la Vierge Marie, qui enfanta Jésus-Christ, Dieu te bénisse et te guérisse, pauvre créature, en l'honneur de Dieu et de la Vierge Marie, et de monsieur saint Come et saint Damiens, amen ! » Ce qu'il y a de plus considérable, ajoute incontinent le bon curé avec une pointe d'ironie, la seule critique qui ne fût point dangereuse en ces temps où *Tartufe* n'était pas toujours permis, « c'est que cette oraison guérit presque toujours ceux pour qui elle est dite, ainsi que l'ont assuré plusieurs personnes dignes de foi. »

Lorsque le zouave guérisseur voulut réparer l'effet de la visite du maréchal Forey, qu'il n'avait pu soulager, contrairement à toutes les règles de la subordination militaire, il se fit auteur. Il fit paraître un ouvrage intitulé : les *Pensées du zouave guérisseur*, pensées qui sont dignes de figurer à côté des *Pensées d'un emballeur*, publiées il y a quelques années dans le *Tintamarre*, par le spirituel Commerson.

Cette brochure ambitieuse est précédée de la prière dont le zouave Jacob a prétendu s'être servi, et qu'il recommande avec une audace étrange à ceux qui veulent jouer le rôle de bienfaiteurs de l'humanité. Cette oraison est à peu près semblable à celle que l'abbé Thiers met dans la bouche de son sergent de village miraculeux.

N'est-ce point une analogie accusatrice ? Comment admettre que l'éditeur de Jacob ait ignoré l'existence d'un ouvrage classique, espèce d'arsenal de superstitions ? Quand on veut inventer des trucs commodes, la première chose à faire n'est-elle pas de s'inquiéter des recueils, où, même pour les combattre, on doit les trouver énumérés ?

Ne soyons pourtant pas trop sévères pour le sergent de village. Excusons ses subterfuges, ou au moins, avant de nous en trop moquer faisons un retour sur notre histoire nationale, où nous n'aurons point de peine à rencontrer des actes de folie publique bien autrement condamnables.

N'oublions pas que le prétendu pouvoir de nos rois de guérir la scrofule a duré plus de mille ans. Tous, à l'exception de Henri IV, ont donc le droit de figurer parmi les marchands de miracles! Cette vertu miraculeuse leur était conférée dans la cérémonie de leur sacre avec une ampoule céleste qu'un ange avait apportée à saint Remi. La guérison des scrofuleux était une superstition nationale dont il n'était point permis de douter, plus qu'il ne le serait de s'insurger contre l'infaillibilité papale, dans l'intérieur des Etats-Romains. Elle était si bien enracinée, que la Révolution française n'eut pas la force de la faire oublier. En 1825, les dévots eurent l'audace de chercher à la restaurer.

Jamais cependant conte plus ridicule n'avait été proposé, imposé à la crédulité populaire. Depuis plus d'un siècle avant Louis XVI, l'histoire de la sainte ampoule embarrassait tous les valets de plume payés pour trouver des sophismes qui permissent de la justifier, au moins aux yeux de certaines gens. L'abbé Vertot, qui écrit une apologie de ce miracle dans le second volume des *Mémoires de l'Académie des inscriptions et belles-lettres*, avoue qu'il ne peut trouver d'autre origine à cette tradition grotesque, que les écrits de Hincmar, violent et rapace évêque de Reims qui vivait du temps des derniers Carlovingiens. Ce prélat simoniaque et sanguinaire, qui n'avait pas reculé devant des crimes pour monter sur son siége épiscopal, devait considérer comme un péché moins que véniel de falsifier l'histoire pour faire de l'église de Reims la tête de l'Eglise de France, pour obliger nos rois à courber le front devant l'huile miraculeuse du successeur de saint Remi. C'est, du reste, cet Hincmar, et cela seul suffira pour faire juger son bon sens, qui ne se contente pas de faire descendre les Français des

Troyens , mais qui décrit gravement les étapes qu'ils ont suivies en venant des bords du Scamandre sur ceux de la Loire et du Rhin.

Grégoire de Tours , le grand marchand de miracles , si curieux de faire justifier par le ciel lui-même, l'invasion des Francs, n'avait pas fait mention d'une merveille si propre à corroborer sa thèse! Il n'était pas, il est vrai, comme Hincmar, nous ne dirons point orfévre , mais évêque de Reims !! Le récit d'Hincmar fait, en outre, mention de circonstances miraculeuses de nature à compléter la démonstration aux yeux des populations barbares , mais bien compromettantes aujourd'hui, à une époque où, comme le dit Paul Louis, on a commencé à compter sur ses doigts !! Le visage du saint évêque Remi aurait resplendi comme un soleil dans la nuit précédant le sacre. Le don de la sainte ampoule aurait été accompagné de celui d'une bouteille inépuisable à laquelle Clovis, sa cour et son armée pouvaient se désaltérer dans les expéditions que le ciel favorisait.

Cette bouteille, bien plus précieuse que la sainte ampoule, puisqu'elle se tarissait elle-même dans les expéditions injustes, fut brisée par quelque monarque dont Hincmar néglige de faire connaître le nom à la postérité indignée. Que de millions ne nous aurait point épargnés la possession de ce talisman. Que de fois le vin prophétique aurait-il refusé de couler, même dans ces dernières années, quand les successeurs de Clovis faisaient inutilement couler le sang de cette bouteille véritablement inépuisable d'or et d'argent qui se nomme le peuple français !

La Révolution française, qui supprimait le trône comme un meuble inutile, ne pouvait conserver les amulettes monarchiques. La sainte ampoule devait être brisée. Elle le fut en effet par la main d'un membre du comité de salut public, le représentant Ruhl, froid et sévère Alsacien.

Ruhl portait bravement le poids de ses soixante hivers. C'était un grand vieillard à barbe blanche, ami du solennel, à la démarche grave, imposant, théâtral comme on l'était au commencement de la Révolution. Il voulut donner à la destruction de cette sotte relique un cachet de majesté qui pût frapper vivement l'esprit des populations. Il convoqua donc sur la place publique le peuple Rémois, et, se mettant à la tête des vieillards, il s'avança en face du lieu où s'était réuni le groupe des enfants vêtus de blanc. Alors, il prit la parole au nom de la république, pour prêcher la haine des tyrans. Le discours de Ruhl, qui n'a point été conservé dans les journaux du temps, fut, à ce qu'il paraît, cependant d'une grande éloquence, d'une grande élévation d'idées. Après avoir développé avec feu les principes du vrai républicanisme, Ruhl saisit la sainte ampoule et la brisa contre la statue, monument de servilité publique que l'on avait élevé au royal amant de la Pompadour et de la Du Barry.

Après cette exécution, accompagnée de chants patriotiques, Ruhl fit ramasser les débris de la bouteille qu'il venait de casser pour les envoyer à la Convention nationale. L'assemblée les reçut avec de vifs applaudissements dont le *Moniteur universel* fait mention. L'organe officiel du gouvernement républicain ajoute un détail touchant : « Les débris de cette fiole ridicule étaient enveloppés dans une des chemises données par les fournisseurs aux volontaires de la République. Le représentant Ruhl avait profité de l'occasion, pour montrer à la Convention nationale comment on vêtissait les défenseurs de la patrie... »

Les marchands de miracles de la Restauration pourraient citer le sort de Ruhl comme une preuve de la divinité de la sainte ampoule, sur laquelle il avait commis un sacrilége. En effet, Ruhl, qui avait échappé à la réaction thermidorienne en donnant sa démission de membre du comité de salut public, fut décrété d'arrestation lors des journées de prairial, pour avoir harangué les femmes qui l'entouraient. Ses amis allaient sans doute parvenir à le sauver, car il avait été maintenu chez lui en état d'arrestation , au lieu d'être immédiatement incarcéré comme ses coaccusés. Il eût sans doute été facile de prouver qu'il n'avait fait que chercher à calmer l'irritation du peuple qui l'entourait. Mais le désespoir d'apprendre le supplice de tant de bons citoyens, la douleur de voir la République en proie à une nouvelle réaction, le conduisirent au suicide ; les gardes le trouvèrent étendu sur son lit !! Le malheureux s'était poignardé !!

Des gens simples pourraient croire qu'il ne pouvait plus y avoir de sacre avec la sainte ampoule de saint Remi, puisque la sainte ampoule avait été brisée en présence du peuple rémois, une trentaine d'années auparavant, et qu'il était impossible d'effacer le souvenir d'un pareil événement. Mais les marchands de miracles de la Restauration n'étaient point arrêtés pour si peu.

Le *Moniteur* de mai 1825 se charge de nous apprendre que des morceaux de la sainte ampoule, grâce à la protection du ciel qui veille si visiblement sur les Bourbons, ont été miraculeusement retrouvés.

M. le curé de Saint-Remi, M. Sezanier et le principal marguillier, M. Hourelle, qui, suivant le journal officiel, avaient eu cette précieuse relique à leur disposition pendant quelques heures, avant que Ruhl ne la brisât sur la place Royale, en avaient extrait quelques parcelles de l'huile qu'elle contenait. De plus, au moment où le conventionnel brisait la sainte ampoule, d'autres citoyens, animés d'un zèle pieux, étaient parvenus à ramasser quelques morceaux du vase. Or, en matière de relique, il est admis que le poids ne fait rien, tout était donc sauvé ! Après la tourmente révolutionnaire on se parla, on se réunit et on mit en commun les restes précieux qu'on avait soustraits à la fureur des Vandales. Des procès-verbaux authentiques furent alors dressés ; ils constatèrent les faits et l'identité des fragments miraculeusement retrouvés. L'ange était dépassé !! Il n'y avait qu'un point noir, c'est que le garant de ce récit, son inventeur, était ce diplomate qui, comme Hincmar, mentait toujours, et que l'on nommait monseigneur le prince de Talleyrand.

Malgré cette miraculeuse découverte, des bruits inquiétants se répandaient de toutes parts. Des gens bien informés prétendaient que l'on considérerait comme inutile l'emploi de la sainte relique pour les onctions de Sa Majesté.

Mais les personnes pieuses dont nous avons cité les noms se hâtèrent d'adresser à Sa Majesté une supplique pour que les débris de la sainte ampoule fussent employés à la consécration royale. La supplique fut favorablement accueillie, et Sa Grandeur Mgr Latil, cardinal de la sainte Église, refit une sainte ampoule à l'aide des bribes suspectes présentées sous les auspices de ce grand escamoteur de royaumes que nous avons déjà cité.

Il faut avouer que le saint Esprit parut protester, car l'arrivée de Charles X fut précédée de présages que sans doute le plus hardi des Césars n'aurait osé braver.

A la descente de Fisme, au moment où les batteries de l'artillerie de la garde, qui étaient placées dans un vallon, sur la gauche de la route, firent feu, les chevaux de la voiture où étaient MM. les ducs d'Aumont et de Damas, les comtes de Cossé et de Curial, se sont effrayés et ont pris le mors aux dents. La voiture a été brisée ; M. le comte Curial a eu la clavicule cassée et l'oreille droite coupée par les glaces des stores. M. le duc de Damas a été dangereusement blessé. Un événement beaucoup plus grave faillit avoir lieu, car les chevaux euxmêmes de la voiture de Sa Majesté s'étaient emportés !

Il serait trop long de suivre pas à pas le roi dans ce long cérémonial, qui avait été un peu abrégé cependant par respect pour le progrès des lumières. On avait également supprimé quelques-uns des passages les plus ridicules du serment. Charles X ne jurait plus d'augmenter les possessions des monastères, ce que font du reste beaucoup de princes, sans avoir été sacrés. Il ne demandait plus à l'Éternel d'augmenter la graisse de la terre, afin qu'elle produise de plus abondantes moissons ; mais la partie essentielle de la cérémonie avait été conservée, et sans la Révolution de Juillet, nous aurions certainement assisté à une nouvelle représentation de cette comédie. Car la sainte ampoule est précieusement conservée, comme fiole d'attente, dans la cathédrale de Reims, où nous avons eu l'avantage de la voir, moyennant une pièce de dix sous mise dans la main du sacristain.

La cathédrale est rangée au nombre des monuments historiques de première classe, et l'on dépense de temps en temps quelques millions pour terminer l'œuvre restée inachevée. Les journaux bien pensants du pays ont failli ameuter contre nous une portion de la population Rémoise, parce que nous avions parlé avec irrévérence de ce monument sacré. Nous avions écrit dans l'*Indépendant Rémois*, que de la hauteur où nous nous trouvions, dans une ascension exécutée à Reims, ce monument nous avait paru ressembler à une tabatière, mais que nous doutions que dans cette tabatière il se trouvât beaucoup de bon tabac.

Mais revenons à la cérémonie du sacre du futur hôte de Rambouillet et d'Holyrood.

Le roi se met pieusement à genoux, les mains jointes, devant le cardinal Latil ; ce prélat tient componctionnellement la patène d'or du calice de Saint-Remi, où il avait

3*

mis préalablement quelques gouttes tirées de la sainte ampoule n° II, dont nous avons raconté la préparation. Le
cardinal Latil prend un peu de cette matière grasse avec
son pouce sacerdotal, et il touche sur le sommet de la tête
du monarque agenouillé. Aussitôt le cardinal Clermont-
Tonnerre, qui fait les fonctions de porte-coton, essuie
les traces que le pouce sacerdotal a laissées sur les cheveux
du roi. La deuxième onction a lieu sur la poitrine, ce
qui nécessite l'intervention des deux cardinaux assistants ;
l'un écarte la chemise et l'autre la camisole du roi. Charles
doit encore subir cinq autres onctions pareilles ; la première entre les deux épaules, la seconde sur l'épaule droite,
la troisième sur l'épaule gauche, la quatrième sur le pli
du bras gauche, et la cinquième sur le pli du bras droit.
Fort heureusement pour la décence, les onctions s'arrê-
tent là !

Charles X, peut-être le seul de son entourage à
prendre le sacre au sérieux, ne pouvait se dispenser de
faire l'épreuve de la puissance miraculeuse que les onctions saintes lui avaient donnée.

Le 21 mai 1825, après avoir entendu la messe dans
ses appartements, le roi sortit à dix heures du palais
archi-épiscopal, conformément à l'étiquette tradition-
nelle. Sa Majesté, précédée des hussards de la garde et
de ses pages, était montée sur un cheval blanc magnifi-
quement caparaçonné, et suivie d'un brillant état-major,
dont le *Moniteur* du temps nous a conservé la nomenclature. Le cortége se dirige vers l'hôpital de Saint-
Marcoul, au milieu d'une foule immense, qui fait reten-

tir sur le passage de Sa Majesté les plus vives acclamations. Que de vieillards avaient salué de chants patriotiques la destruction de la sainte ampoule et figuraient dans les rangs de cette masse stupide, rangée sur le passage d'un roi miraculeux ! Les discours de Ruhl, quelque éloquents qu'ils fussent, avaient été oubliés !

Après avoir fait une première prière dans la chapelle de l'hôpital avec une componction dont toutes les personnes présentes sont frappées, le roi monte dans les salles où l'on avait réuni un groupe, sans doute fort intéressant, de **121** scrofuleux.

A la tête de ces malades se trouvaient le 1er chirurgien ordinaire et le 1er médecin ordinaire, qui n'était autre que le célèbre Dupuytren. C'est Dupuytren, une des lumières du corps médical, un médecin d'une réputation universelle, qui eut l'audace de servir de compère dans cette comédie.

Charles X touchait les malades avec le sérieux qu'il devait avoir cinq ans plus tard sans doute en signant les immortelles ordonnances de Juillet. Le *Journal officiel*, circonstance digne de remarque, altère légèrement la vérité, et prête au roi un discours moins absurde que celui qu'il a réellement prononcé. La cérémonie est transformée en simple visite d'hôpital ; le roi aurait dit : « Le roi vous touche, mais Dieu vous guérira. »

Le *Moniteur universel* ajoute avec une naïveté singulière : « Cette scène *touchante* excite vivement la reconnaissance des malheureux malades ! » Pour *touchante*, elle l'était en effet ! La suite ne l'est pas moins.

Les sœurs qui dirigeaient l'hôpital de Saint-Marcoul ont reçu de la bouche du roi et de celle de madame la Dauphine des témoignages de satisfaction pour les soins qu'elles apportent au soulagement des malades. Puis elles se sont jetées aux pieds du roi, et, suivant un usage qui paraît établi sur une vieille tradition superstitieuse, elles lui ont demandé sa bénédiction. Sa Majesté la leur a donnée, toujours avec la même inépuisable gravité, puis elles ont été admises à baiser la main de l'oint du Seigneur. « Cette faveur, ajoute le récit officiel, a comblé les saintes sœurs de joie. Des larmes de reconnaissance coulaient de leurs yeux ! » On pleurerait à moins.

Ce qui est véritablement miraculeux, diront avec nous nos lecteurs, c'est que personne n'ait perdu son sang-froid en présence de ces désopilantes démonstrations. Cicéron avait la naïveté de s'étonner que deux augures pussent se regarder sans rire ; qu'aurait-il donc dit, s'il avait vécu du temps de la dernière parade royale accomplie à l'hôpital de Saint-Marcoul !

Comment ne point attirer d'une façon formelle l'attention de nos lecteurs sur les médecins qui ont sanctionné de leur présence, de leur autorité, cette jonglerie ! Ne soyons point indulgents pour les hommes qui ont prostitué leur réputation. Si de futurs Dupuytrens avaient jamais le triste courage de conduire un autre Charles X auprès de nouveaux scrofuleux, il faut qu'ils ne puissent point compter sur l'impunité de l'histoire !

Charles X n'était pas le seul guérisseur de haut parage que le monde catholique possédât en ce moment. Le prince de Hohenlohe, treizième ou quatorzième fils d'un seigneur de Bavière qui prétendait descendre des Carlovingiens, s'était imaginé jouir du pouvoir mystérieux de guérir toute espèce de malades.

Le récit des hauts faits du prince de Hohenlohe remplit les colonnes de l'*Ami du Roi et de la Religion* et autres feuilles béates, aînées de notre *Rosier de Marie*. Comme Charles X, le prince allemand entreprit d'opérer des cures miraculeuses dans les hôpitaux; mais il ne trouva pas des docteurs aussi complaisants que Dupuytren. Ses tentatives aboutirent à de honteuses déconvenues, dont on peut lire le récit dans un traité spécial de Paulus, éditeur de Sophroniston et correspondant de l'abbé Grégoire, cet ennemi juré de toutes les momeries. Les échecs du prince de Hohenlohe furent si grands, si répétés, que le Pape n'osa point sanctionner les étranges miracles qu'il prétendait avoir accomplis. Mais le prince de Hohenlohe ne se laissa point détourner de son apocryphe mission, et de tous les points du monde des malades vinrent le trouver, tant la superstition est tenace et difficile à décourager; le thaumaturge ridicule ouvrit une sorte de cabinet de correspondance miraculeuse. Il traitait gravement ses clients à distance, à condition qu'on lui écrirait par lettres affranchies. Car ce marchand de miracles n'avait pas trouvé moyen d'accomplir la plus grande de toutes les œuvres magiques, et de faire que l'administration des postes féodales de Latour et Taxis renonçât à percevoir ses droits ! Les prescriptions du prince de Hohenlohe ne consistaient point à prendre des drogues, mais à prononcer des oraisons à certaines heures, pendant que lui, le grand exorciste, en faisait autant dans une chapelle qu'il indiquait. Des offrandes pieuses étaient recommandées pour compléter l'effet de ces sages prescriptions. Le guérisseur ne prenait rien pour lui ; il n'avait pour lui que l'honneur. Dans les dernières années de sa vie, qui se termina en 1848, année fatale aux rois, il s'était retiré à Inspruck, capitale du Tyrol, et l'on ne porte pas à moins de dix-huit mille le nombre de personnes de tout âge, de tout sexe, de tout rang qui vinrent l'y visiter !

Pour achever ce triste chapitre d'une histoire que l'on peut presque dire contemporaine, qu'il nous soit permis de citer quelques vers de Béranger. Ne serions-nous point injuste pour la génération à laquelle nos pères appartenaient, si nous ne faisions connaître ces protestations étincelantes de verve, de cœur et d'esprit ; si nous ne cueillions ici quelques-uns des vers immortels dans lesquels le prince des chansonniers français stigmatise ce dévergondage de la superstition officielle ? Mettant sous le nom de Charles-le-Simple les couplets qu'il décoche à Charles X, le chantre de Lisette s'exprime en ces termes :

> Français, que Rheims a réunis,
> Criez Montjoie et Saint-Denis!
> On a refait la sainte ampoule;
> Et comme au temps de nos aïeux,
> Des passereaux lâchés en foule,
> Dans l'église volent joyeux.
> D'un joug brisé ces vains présages
> Font sourire sa majesté.

Le peuple s'écrie en voyant passer les colombes :

> Oiseaux plus que nous sages,
> Gardez bien, gardez votre liberté !
> Aux pieds de prélats cousus d'or,
> Charles dit son *Confiteor*.
> On l'habille, on le baise, on l'huile,
> Puis, au bruit des hymnes sacrés,
> Il met la main sur l'Evangile.
> Son confesseur lui dit : « Jurez ! »
> Rome, que l'article concerne,
> Relève d'un serment prêté ....
>
> . . . .
>
> Oiseaux, ce roi miraculeux
> Va guérir les scrofuleux.
> Fuyez, vous qui de son cortége
> Dissipez seul l'ennui mortel ;
> Vous pourriez faire un sacrilége
> En voltigeant sur cet autel.
> Des bourreaux sont *les sentinelles*
> Que pose ici la piété !
>
> . . . .
>
> Oiseaux, nous envions vos ailes ,
> Gardez bien, gardez votre liberté !

Cette protestation du vieil esprit gaulois ne pouvait être tolérée par le gouvernement des Bourbons. Béranger fut traduit devant le tribunal de police correctionnelle, présidé par M. Melin. Il fut condamné à plusieurs mois de prison, après un réquisitoire digne de ceux que nous avons entendu fulminer si souvent depuis quelques années.

Cependant ne devait-on pas tenir compte au chantre de

Lisette d'avoir choisi le plus gracieux épisode de cette cérémonie, le seul peut-être qui ne fût pas ridicule? N'est-ce point en effet, après tout, un poétique symbole que ces oiseaux remis en liberté? Que de fois le chantre de Lisette ne dut-il point envier les ailes de leurs frères, qui venaient le distraire et voltiger devant les fenêtres de Sainte-Pélagie.

CHAPITRE III.

SAINTE GENEVIÈVE ET SA NEUVAINE.

Comme l'on pourrait nous accuser d'aller chercher les
sujets de notre critique dans d'obscurs villages, nous demandons la permission de continuer notre énumération
par une étude des pratiques superstitieuses qui ont lieu
en plein Paris. Nous allons donner quelques détails sur
une foire religieuse qui se tient annuellement en vue de
l'Ecole polytechnique, entre l'Ecole de médecine et l'Ecole
de droit, sans que jamais personne ait protesté. L'une
et l'autre Faculté, ainsi que les successeurs de Monge,
regardent ces étalages d'un œil indifférent.

C'est le 3 du mois de janvier, le surlendemain du nouvel an, que s'ouvre la cérémonie. Du temps de la Révolution de Juillet, le pèlerinage qui accompagne la foire
religieuse n'avait lieu qu'à Sainte-Geneviève. Depuis
le coup d'Etat, deux sanctuaires se disputeraient les
fidèles, si les fidèles prudents, se défiant peut-être des
lumières de l'esprit saint, ne prenaient le parti sage
de visiter l'un et l'autre sanctuaire. Il n'y a donc que
les offrandes qui soient partagées ; aussi, si vous demandez à un prêtre de Saint-Etienne-du-Mont ce qu'il pense
du chapitre de Sainte-Geneviève, il vous dira que c'est
un collége de jeunes prêtres disant leur messe et leur

bréviaire auprès de reliques de second ordre. Au contraire, si vous vous informez auprès d'un chapelain de Sainte-Geneviève, de la valeur du pèlerinage d'à-côté, il vous répondra, d'un ton grave, « qu'on honore quelques reliques qu'on a laissées à Saint-Etienne un peu par charité !! » Nous avons reçu de part et d'autre des réponses courtoises, mais ambiguës ; aussi nous comprenons très-bien l'embarras des dévots. Ce que nous comprenons moins, nous devons le dire, c'est que l'on ait consenti à troubler les oscillations du pendule de Léon Foucault, pour retirer aux grands hommes le seul sanctuaire que depuis Rome païenne on leur ait consacré !! Les saints de l'Evangile ont une multitude de temples où reposent leurs images. Pourquoi la France moderne est-elle si parcimonieuse pour les saints de l'humanité ? Est-ce parce que les grands hommes manquent pour ainsi dire complétement à notre génération abâtardie ? Heureusement l'on a, pour ainsi dire, oublié la dédicace qui brille et brillera longtemps encore au fronton du Panthéon ?

Si le lecteur doute encore de la justesse de nos critiques, nous le prions de suivre avec quelque attention le détail des fraudes auxquelles les deux sanctuaires rivaux ont servi de théâtre. Etrange histoire qui mériterait à elle seule de longs développements, car elle nous montrerait dans toute sa naïveté la sottise d'un peuple qui se croit le plus intelligent du monde. Elle expliquerait bien des défaillances, bien des excès.

Au moyen-âge, et jusqu'à la Révolution française, la châsse de la bergère de Nanterre, enrichie successivement par l'aveugle piété, plus au moins sincère cependant, de nos rois, était conservée dans une sorte de crypte faisant partie d'une église aujourd'hui disparue à peu près complétement. On n'a plus actuellement de cet édifice, rendu célèbre par les superstitions cultivées à l'ombre de ses murailles génovéfines, que la tour carrée. Elle fait partie du collége Henri IV, où Dulong et Arago ont exécuté leurs brillantes expériences sur la force élastique de la vapeur d'eau.

Quand survenaient des calamités publiques, la châsse était portée processionnellement dans les rues. Mais, pour frapper plus vivement l'esprit public, on ne procédait jamais à cette cérémonie sans un édit du roi et un arrêt du parlement. Toutes ces processions n'étaient pas pourtant royalistes, car Voltaire, à propos de la bataille de Saint-Antoine, qui fut livrée en 1652, raconte que les frondeurs demandèrent à sainte Geneviève l'expulsion de Mazarin. Le grand Condé, dit-il, vint baiser la châsse, y frotter son chapelet et montrer par cette facétie que les héros sacrifient souvent à la canaille. Cependant, Voltaire, lui, ne traita pas sainte Geneviève avec la même irrévérence que la Pucelle, car il composa, vingt-six ans avant la dernière procession publique, une ode française, à l'imitation des vers latins dans lesquels le père Legai glorifia la sainte patronne de Paris. On y lit les strophes suivantes :

> Oui, c'est vous que Paris révère
> Comme le soutien de ses lis,
> Geneviève, illustre bergère,
> Quel bras les a mieux garantis !

> Vous qui, par d'invisibles armes.
> Toujours au fort de nos alarmes,
> Nous rendîtes victorieux,
> Voici le jour où la mémoire
> De vos bienfaits, de votre gloire,
> Se renouvelle en ces lieux.

Si nous ne nous trompons, ce cantique, quoique la muse de l'auteur de *Mahomet* et de la *Pucelle* soit bien païenne pour ne point compromettre la vierge de Nanterre, se chante encore au Panthéon.

Depuis le commencement du XIIe siècle jusqu'en 1789, on compte soixante-quinze exhibitions légitimes de la châsse de sainte Geneviève; celle des frondeurs ne compte pas. Les écrivains religieux en ont soigneusement tenu registre. Une douzaine de ces promenades furent faites pour aider les armes royales à repousser les Anglais. Mais le plus grand nombre des miracles de la sainte consistaient à modifier le cours des événements météorologiques. Dix-neuf fois le roi et le parlement, unis au peuple, demandèrent à la bergère d'intercéder pour obtenir de la pluie. Neuf processions eurent lieu, au contraire, pour empêcher les blés de se pourrir et arrêter les grandes pluies. Avec un drainage aussi perfectionné que de nos jours, on n'aurait pas eu besoin de tourmenter les os de la première des conférencières qui, ayant sauvé la France pendant sa vie, suivant la légende, aurait bien eu droit à quelque repos après sa mort, en laissant les Parisiens se sauver tous seuls s'ils le pouvaient.

L'usage de ces processions , pour ainsi dire nationales, a cessé. Cependant, l'agriculture ne s'en porte pas plus mal. S'il y a moins de pluies et plus de grêle que dans les anciens temps, ce n'est point parce qu'on est moins dévot, mais parce que l'on a coupé trop de forêts. Les dévotions à sainte Geneviève ne valent certainement point la plantation de quelques futaies. Si nos prairies ont soif, c'est notre faute, parce que nous ne voulons point prendre la peine de leur donner à boire, en construisant un réseau suffisant de rigoles d'irrigation.

Occupons-nous maintenant des aventures ou plutôt des mésaventures de la châsse pendant la période de la Révolution. Il est fort instructif de savoir qu'on ne peut même point prétendre à avoir les mêmes reliques que nos anciens rois ; ces reliques si peu authentiques, dont se contentaient nos aïeux, ont déjà péri. *Etiam perierunt ruinæ !*

Vers le commencement de 1791, l'administration du département de la Seine proposa de transporter la châsse de sainte Geneviève dans l'église de Saint-Etienne-du-Mont. Ce projet s'exécuta le 14 août 1791, et les autorités constitutionnelles firent une affaire sérieuse de cette translation de quelques ossements.

Une commission municipale remit donc solennellement les reliques au curé de Saint-Etienne-du-Mont, comme un objet dont la conservation intéressait la nation tout entière.

La châsse était accompagnée de deux cœurs de vermeil et couronnée d'un bouquet de diamants, auquel les autorités constituées attachaient le plus grand prix.

Mais on ne devait point se contenter de ce simple déménagement, pas plus qu'on n'en devait rester à la constitution civile du clergé ; quand la commune de Paris s'occupa de nouveau de la châsse, ce n'était pas pour l'exposer à la piété des fidèles, c'était pour la faire servir, comme on disait alors, aux nécessités de la République. Comme l'on comptait sur le fameux bouquet de diamants, on le transporta à la Monnaie, où l'on n'eut pas de peine à reconnaître que les pierres étaient fausses !! Tout était mensonge et imposture. En effet, le *Moniteur universel* du 4 frimaire contient le procès-verbal de la visite domiciliaire, pratiquée par les officiers municipaux dans le cercueil de la sainte. On y trouva non point une tête, mais deux têtes ! L'une des deux têtes était couverte d'un dépôt de plâtre cristallisé. De ces deux têtes, quelle était la bonne ? Sans doute les dévots diront qu'elles l'étaient toutes deux.

En effet, puisque dans le paquet de toile blanche goudronnée renfermant les ossements de la sainte, il manquait les os du bassin, la tête surnuméraire était sans doute chargée d'y suppléer.

A la suite de cet inventaire, la commune de Paris prit un arrêté. On décida que les reliques seraient brûlées en place de Grève, sur un bûcher couvert de chasubles et d'ornements d'église. Les os furent détruits avec le plus grand soin au milieu d'un grand concours de citoyens, et il devait sembler qu'on dût renoncer à avoir des reliques de sainte Geneviève ; mais il y a des gens qui ne sont point faciles à désorienter, nous l'avons déjà vu par l'histoire de la sainte ampoule.

En 1806, le Panthéon national fut l'objet d'un décret impérial qui disposait qu'il serait rendu au culte catholique. Mais ce décret étrange, si peu prévu, déclarait en même temps que le monument ne cesserait point pour cela de servir à la sépulture des grands hommes; cette seconde partie de la volonté impériale fut aussi mal exécutée que la première, car on y ensevelit des sénateurs et des généraux, que la France a déjà oubliés, quoiqu'un acte en règle ait consacré leurs droits à l'immortalité.

Le Panthéon resta donc à peu près inutile jusqu'au moment où le roi Louis XVIII le remit entre les mains de Mgr de Quélen, archevêque de Paris, pour en faire une église.

La bénédiction de la nouvelle église se fit en grande pompe, le 3 janvier 1822, en présence d'un nonce du pape, du comte d'Artois, du duc et de la duchesse d'Angoulême et de toutes les autorités du temps. Après avoir fait leur prière, les princes furent invités à descendre dans la chapelle basse où l'on avait déposé les reliques de sainte Geneviève qui avaient miraculeusement échappé au feu. On donna alors lecture de copieux procès-verbaux qui ont été conservés. M. de Quélen prétend, dans ces pièces étranges, avoir appris, par révélation divine peut-être, que des parcelles des os de la sainte avaient été envoyées à différentes églises de différents diocèses, et il ajoute, avec une admirable assurance, qu'il est parvenu à les recueillir; puis il procède à l'énumération des trésors ainsi récupérés au mépris de l'histoire ecclésiastique de la province de Paris, au moins autant qu'au mépris du bon sens ; car le roi Louis XIII ayant voulu se procurer quelques parcelles du squelette de sainte Geneviève pour son usage personnel, il lui fut répondu solennellement par un refus basé sur ce que la châsse ne s'ouvrait jamais. Est-il raisonnable de croire que l'abbaye aurait accordé à de modestes églises de campagne une faveur refusée à un puissant monarque qui aurait payé une parcelle de cette relique au poids non de l'or, mais des diamants ! L'anatomie et l'histoire naturelle ne protestent pas avec moins d'énergie contre cet audacieux récit.

La pièce saillante des reliques récupérées est un ossement droit de quatre pouces de long (Voir l'*Histoire de sainte Geneviève*, écrite par l'abbé Yves, docteur en théologie). Cependant, d'après le procès-verbal de la commune révolutionnaire, document très-authentique non disputé, il n'y avait que les os du bassin qui manquaient dans le cercueil de la sainte, et qui, par conséquent, avaient pu être distribués en cadeau aux églises affiliées. Comment diable ont pu s'y prendre les marchands de miracles pour en tirer un os droit de quatre pouces de long !

Mais ces difficultés n'arrêtaient en aucune façon les dévots ; car, pendant que l'on donnait lecture de ces pièces singulières, une légion de jeunes personnes vêtues de blanc, tenant à la main des lis, avait été réunie ; ces tendres beautés chantaient des cantiques, parmi lesquels figuraient les strophes dues à la plume infidèle de Voltaire. Une fois les chants épuisés, on déposa la châsse dorée , dans laquelle on avait renfermé ces ossements suspects, au milieu du chœur, sur un autel où l'archevêque de Quélen officia pontificalement.

Nous avons raconté ces détails dans un article que nous avons publié dans la *Liberté*. Nous disions à la fin de notre travail, qui nous a valu une réplique très-vigoureuse du *Monde :* « Des personnes peu habituées aux fureurs des théologiens peuvent être surprises en apprenant que la totalité des ossements ayant appartenu à la sainte forme un squelette plus que complet. Mais tout peut s'arranger avec des bulles pontificales, car des saints moins importants que sainte Geneviève ont été encore mieux traités. »

En faisant le compte des reliques honorées simultanément dans différents lieux, on a trouvé 26 têtes de sainte Julienne, 30 corps de saint Georges, 63 doigts de saint Jérôme, 5 à 600 ossements de saint Pancrace. « Il n'y a si petite villette, dit Calvin dans son *Traité des Reliques*, ni si méchant couvent de moines ou de nonnes, où l'on ne montre du lait de la Sainte-Vierge. Les autres plus, les autres moins. Tant il y a que si la Sainte-Vierge avait été vache laitière, elle n'en aurait point autant rendu de toute sa vie. »

Cette cérémonie faisait partie d'un plan d'ensemble. Un peu avant la Révolution de Juillet, au moment où le gouvernement croyait trouver quelques forces factices dans le réveil des grandes superstitions publiques, M. de Quélen imagina de procéder à une cérémonie qu'on ne peut pas séparer de la première. Il fit transporter dans la chapelle des Pères lazaristes des reliques de saint Vincent de Paul, également récupérées d'une façon merveilleuse, quoique le squelette du saint eût été brûlé dans un des grands auto-da-fé exécutés par la Révolution. Cette exhibition de tous les moines et de toutes les nonnes de la capitale inspira à Béranger un de ses chants les plus sublimes.

Le poète national fait parler un brigand exécuté dans son temps pour ses forfaits ; ce brigand s'écrie ironiquement, comme il pourrait encore le faire en l'an de superstition 1870 :

« Dévots, baisez donc mes reliques ! »

La suite de l'histoire de la châsse de sainte Geneviève n'est pas moins étrange. La châsse resta exposée au Panthéon jusqu'aux journées de juillet. Une fois le combat terminé, les prêtres essayèrent de dire, comme d'habitude, la messe au Panthéon. Mais les étudiants du quartier latin, ayant été prévenus de cette tentative, envahirent le sanctuaire consacré aux grands hommes, afin d'en arracher les prétendus ossements de la sainte. Il paraît que, devançant cette visite du peuple, les dévots avaient enlevé leur relique.

Les écrivains ecclésiastiques prétendent que les prêtres de la paroisse avaient caché la châsse dans une maison du voisinage, où elle fut découverte par la police, qui la transporta à l'archevêché.

Lorsque l'archevêché fut mis au pillage, la châsse, suivant les récits donnés au monde sous la garantie de l'archevêché, aurait encore cette fois échappé à la destruction populaire. Quand le calme fut rétabli, elle fut renfermée dans l'église Notre-Dame, où elle resta exposée pendant tout le cours de la monarchie de Juillet et de la république de Février.

Pendant ce temps, une partie de la population parisienne prenait l'habitude d'aller en pèlerinage à Saint-Étienne-du-Mont adorer une pierre qui avait, dit-on, fait partie du tombeau de la sainte et que, pour protéger contre le couteau des fidèles, on avait elle-même placée au centre d'un tombeau.

Le contact de pierres recouvrant une autre pierre, voilà ce que des gens qui se moquent du zouave de la Roquette considèrent comme un spécifique unique pour guérir tous les maux.

Au mois de juin 1849, on vit l'archevêque Sibour profiter de l'état de siége, décrété à la suite de la manifestation des Arts-et-Métiers, pour se rendre en procession de la cathédrale à Saint-Étienne-du-Mont. Quoique Notre-Dame renfermât les prétendus ossements de sainte Geneviève, le prélat nommé par le général Cavaignac allait à Saint-Etienne-du-Mont pour obtenir la fin du choléra qui décimait la population. Qui ne sait actuellement, depuis les travaux de la commission sanitaire internationale de Constantinople, que le choléra ainsi que la peste est dû à des germes morbides répandus dans l'atmosphère, et qui craignent moins les prières que les fumigations du grand chimiste Guyton de Morveaux ? Des filtres destinés à purifier l'air qui sort des salles de cholériques, peuvent également produire un effet plus énergique que les neuvaines de Mgr Sibour. Les feux allumés sur les places publiques en temps d'épidémie valent mieux qu'un bref du pape, à moins qu'il ne renferme une dispense apostolique destinée à autoriser pendant les temps d'épidémie l'usage de la crémation si commode, si économique avec le pétrole. La sépulture chrétienne peut être une excellente chose, agréable à Dieu et à l'Eglise, cependant à condition que les cadavres des chrétiens déjà morts n'empoisonneront point les chrétiens encore vivants.

Mais qui sait si ce n'était point en prévision des événements futurs que Mgr Sibour tournait processionnellement autour du Panthéon?

En effet, un des premiers actes du prince Louis-Napoléon, affiché au moment où la victoire était encore incertaine, fut de rendre au clergé ce magnifique monument.

Le premier usage que le clergé devait faire de cette largesse était naturellement d'y installer ces précieuses reliques, si authentiques, comme nous l'avons vu. La cérémonie eut lieu au mois de janvier 1853, avec une pompe qui m'eût suffoqué si je n'eusse été exilé.

En tête du cortége marchait la croix épiscopale, suivie du séminaire de Saint-Sulpice, rangé sur deux longues lignes et marchant suivant l'ordre hiérarchique : en première ligne les tonsurés, en seconde les minorés, puis les diacres et enfin les jeunes prêtres. Derrière ce bataillon sacré se trouvaient les séminaires diocésains des Irlandais et du Saint-Esprit, le clergé de toutes les églises de la rive gauche, les vicaires généraux, les chanoines honoraires et tout le clergé métropolitain.

La châsse était portée par quatre diacres et suivie d'un nombre immense de membres du clergé régulier, de quelques ouvriers, plus ou moins véritables, recrutés parmi ceux qui vivent d'aumônes et de secours peu mutuels, des confréries de Saint-Vincent-de-Paul et de Saint-François-Xavier. Les sœurs qui avaient figuré dans les processions précédentes n'avaient point jugé que les temps fussent assez sûrs pour qu'elles pussent quitter leurs couvents.

Quand la châsse passa devant l'église de Saint-Étienne-du-Mont, il en sortit un cortége de jeunes filles vêtues de blanc, précédées par le clergé de la paroisse et portant une bannière de soie bleue sur laquelle on avait brodé l'image de la Vierge de Nanterre. Au moment où la croix qui précédait le cortége est arrivée dans le chœur, Mgr Sibour, la mitre en tête et la crosse en main, est venu recevoir la châsse sur le perron et est entré à sa suite dans l'église. De retour à l'autel, le prélat a entonné gravement le psaume *Laudate Dominum*, qui a été répété par tout le clergé. La messe a été aussitôt célébrée. Lorsqu'elle a été finie, l'archevêque a prononcé un long discours recommandant emphatiquement à sainte Geneviève, l'Empereur et la ville de Paris. Pour que rien ne manquât au triomphe de l'Église,

4*

il y a eu un *Te Deum* suivi d'un banquet ecclésiastique, auquel M. le duc de Persigny a eu l'honneur d'être invité.

Depuis lors les pèlerinages ont lieu avec une splendeur qu'ils n'avaient jamais atteinte sous l'ancienne monarchie, non-seulement à Sainte-Geneviève, mais encore à Saint-Étienne-du-Mont; car, pour être sûrs de ne point se tromper, les pèlerins font coup double, ils vont s'agenouiller devant la châsse et sur le tombeau, que nous avons décrit. Quelques génuflexions de plus ou de moins ne valent pas assez cher pour que l'on doive s'abstenir dans le doute, comme le veut la sagesse des nations. Le curé de Saint-Étienne-du-Mont nous a raconté que le nombre des pèlerins qui ont franchi les portes de son église était de 400,000 en 1869; nous ne pensons pas qu'il ait sensiblement diminué en 1870, par l'article que nous avons publié dans la *Liberté*. Mais nous ne nous découragerons point pour si peu.

Combien de fois n'avons-nous point entendu corner à nos oreilles, surtout depuis que nous nous occupons de ces matières : « Vous perdez votre temps et votre peine en cherchant à combattre la superstition. Ceux qui croient à ces dévotions, à ces tours des spirites ou des somnambules, ne lisent guère, et quand ils lisent ils ne comprennent pas. Vous n'aurez du reste pour lecteurs que ceux qui, lisant peut-être Voltaire mieux que vous, n'ont aucun besoin d'être convertis. »

Cependant nous ne craignons point de déclarer que nous ne nous laissons point détourner par ces fâcheux pronostics et que nous espérons franchement arriver à faire quelque bien, non point en plaisant à ceux qui connaissent déjà le ridicule de ces fables, mais en faisant ouvrir les yeux à ceux qui ont eu le malheur de les fermer.

Il en est de la police scientifique comme de l'autre, il faut qu'elle pénètre partout. Elle doit surtout surveiller les carrières d'Amérique où se réunissent les rôdeurs de ces barrières de la raison, qui se nomment les superstitions. Elle ne doit pas négliger d'envoyer de fréquentes patrouilles dans la plaine de Pantin, car les charlatans sacriléges peuvent creuser bien des fosses, où des populaces entières, véritables familles Kinck, viennent déposer ce qu'elles ont reçu d'intelligence et de bon sens.

Vainement on nous accuserait de nous escrimer comme don Quichotte contre des moulins à vent, de choisir comme objet de notre critique ces superstitions dont nul ne s'occupe si ce n'est dans les bas fonds intellectuels de la société!

Non, non, il n'est pas temps que la philosophie désarme encore, le réveil de la raison n'a point sonné à l'horloge de l'histoire. L'heure est encore aux faux prophètes et aux fausses révélations. En ce siècle, tout est escamoté, même la gloire! Du pavé de Paris, on voit encore surgir quelques dieux, et j'ai pu dans ma jeunesse faire l'aumône au grand Mapa! Ne voyons-nous pas que les choses marchent de la même manière de l'autre côté de l'Atlantique, et que la république des États-Unis est obligée d'envoyer une armée fédérale pour triompher des *non possumus* du successeur du prophète des Mormons?

Quoique la polygamie soit une pierre impure, pour faire reposer son édifice, Brigham Young se contente de cette pierre-là.

Il n'est point de marchand de miracles qui ne puisse se procurer des éditeurs et même des avocats ! N'avons-nous pas vu une des lumières du barreau, un des tribuns les plus irréconciliables et les plus illustres, mettre son éloquence au service d'une vierge qui n'aurait point affronté les regards du siècle de l'encyclopédie !

Si pour son malheur Voltaire vivait encore de nos jours, il écrirait encore son conte du Taureau Blanc ! Sa Sorcière d'Endor pourrait réunir encore le poisson de Jonas, la colombe de l'arche, l'âne de Balaam, le serpent d'Eve et même le corbeau d'Isaïe, car aucune bête du troupeau sacré n'a encore été licenciée. Il n'y a point jusqu'à celles de l'Apocalypse, dont des rêveurs ne s'occupent en ce moment !

CHAPITRE IV.

LE SANCTUAIRE DE NOTRE-DAME.

Nous ne pouvons prétendre malheureusement à l'honneur de faire justice en ce livre de toutes les superstitions encore debout, vivant à cette heure dans différentes parties de la cité des lumières. Cette tâche nous entraînerait au-delà des bornes que nous avons dû nous tracer ; mais il nous est impossible de ne point raconter l'histoire d'un centre de dévotion extraordinaire que nous avons vu croître et se fonder pour ainsi dire sous nos yeux. Quoique pour comprendre le culte de Notre-Dame-des Victoires, il soit nécessaire de remonter un peu haut dans les annales de la crédulité française, nous ne pouvons nous dispenser d'exécuter rapidement une aussi instructive excursion.

On sait que le roi Louis XIII resta longtemps sans avoir d'enfant, quoique, suivant une chronique accueillie par M. Michelet, l'Anglais Buckingham ait bien pu travailler à nous donner un dauphin.

Au moment où l'âge de la reine rendait une grossesse problématique, on répandit le bruit, dans un certain monde piétiste, que la sainte Vierge avait apparu au frère Fiacre, dans l'Eglise des Petits-Pères ; qu'elle lui avait ordonné de faire une neuvaine, à l'issue de laquelle le ciel exaucerait les vœux de tous les Français.

Le frère Fiacre fit sa neuvaine, et la reine ne tarda point à déclarer sa grossesse que Louis XIII n'hésita pas à déclarer miraculeuse. Peut-être pour étourdir quelques soupçons, l'heureux père fit éclater une joie immense; le nouveau-né fut appelé Dieudonné, surnom qu'il ne devait quitter que pour celui de Louis le Grand. Afin de mieux montrer toute sa reconnaissance, le fils d'Henri IV consacra par un vœu solennel, la France entière au sacré cœur immaculé de la mère du Sauveur. C'est en mémoire de cet acte, un peu despotique, car la France n'avait pas donné son consentement, que l'on faisait tous les ans, jusqu'à la Révolution, une procession solennelle qui avait lieu le quinzième jour d'août. Cette procession, à laquelle la cour assistait, était une grande affaire d'état, pour l'ancienne monarchie. Elle fut naturellement supprimée en même temps que les autres pratiques superstitieuses du moyen âge, qui s'étaient perpétuées jusqu'à cette époque; mais, après la Restauration, les Bourbons s'empressèrent de rétablir cette promenade.

Depuis la révolution de 1830, la procession du vœu de Louis XIII n'a plus reparu dans les rues de Paris. Mais elle se fait à huis-clos, car on l'exécute ponctuellement dans l'intérieur de la cathédrale. On porte en grande pompe la statue de la Vierge autour du chœur, comme autrefois on la portait autour de la cité.

C'est dans le chœur que l'on voit encore la statue de Louis XIII, tombant à genoux, au moment même où il accomplit l'acte de la consécration de la France au cœur de la Sainte-Vierge-Immaculée. C'est donc sous l'invocation de ce vœu, sous la garantie d'Anne d'Autriche, que le pouvoir miraculeux de l'église de Notre-Dame-des-Victoires se trouve placé.

Ce sanctuaire fut dépouillé d'une statue en or et en argent dont Louis XIII lui avait fait hommage, et dont la Révolution fit des pièces de monnaie. L'église n'avait plus rien qui la distinguât des autres édifices religieux de la capitale. Mais en 1836, le curé Desgenettes, ancien militaire retraité et frère du célèbre chirurgien de Saint-Jean-d'Acre, voulut rendre à sa paroisse la splendeur dont la Révolution l'avait privée. L'abbé Desgenettes prétendit avoir eu une vision pareille à celle du fameux frère Fiacre. On le crut sur parole comme l'on avait cru le franciscain !

La Sainte-Vierge lui avait ordonné de fonder, au centre de Paris, une congrégation en faveur de son Sacré-Cœur-Immaculé. Cette congrégation devait être consacrée à prier pour la conversion des infidèles, et notamment des infidèles Anglais.

On fit grand bruit de cette apparition, que, suivant leur habitude, les écrivains religieux répercutèrent avec autant d'assurance que s'ils avaient eux-mêmes assisté à la vision. Les fidèles et les offrandes ne tardèrent point à affluer. Bientôt la congrégation naissante sentit le besoin de fonder un organe spécial qui dure encore, après avoir subi différentes transformations. Les *Annales de la Congrégation du Sacré-Cœur-de-Marie* sont exclusivement consacrées à enregistrer les guérisons et les conversions miraculeuses dues à l'intercession de Notre-Dame-des-Victoires. On y tient également registre de la création de sociétés affiliées, organisées sur les mêmes bases. Nous ne conseillons point la lecture de ce recueil, qui ne renferme aucun fait saillant, qui distille un ennui irrésistible. On n'y trouvera qu'un chapelet d'histoires insignifiantes prouvant le progrès de superstitions s'engendrant elles-mêmes, et ne se soutenant que par elles-mêmes.

Un des premiers fruits de cet enthousiasme factice fut la conversion du célèbre pasteur anglican Newman, le frère du philosophe de ce nom. Mais il est juste d'ajouter que ce célèbre docteur Newman appartenait à la secte du docteur Pusey, anglican connu par ses tendances papalines, et qui écrivit dernièrement à Rome pour savoir s'il ne pouvait être admis au Concile. De la haute Eglise anglicane à la confession romaine, le chemin est si aisé, qu'il n'est guère besoin de miracle pour le franchir. Il n'y a, en vérité, qu'à se laisser glisser sur la pente pour arriver bientôt jusqu'au fond du ravin. Ces analogies de doctrines n'empêchèrent pas les congréganistes du Sacré-Cœur de voir dans cette évolution si naturelle une des suites les plus merveilleuses de la miraculeuse vision de l'abbé Desgenettes. Mais qu'il nous soit permis, pour diminuer l'étonnement de nos lecteurs, de parler des Visitandines et des visitations.

A la fin du xviie siècle, les visitandines attendaient.... Cependant, l'époux ne venait pas. Mais, dit Michelet, dans la vineuse Bourgogne, où le sexe et le sang sont riches, une fille bourguignonne, religieuse visitandine de Paray, reçut enfin la visite promise. Jésus lui permit de baiser les plaies de son cœur saignant.

Marie Alacoque n'avait pas été énervée, pliée de bonne heure par le froid régime des couvents. Cloîtrée tard, en pleine force de vie, de jeunesse, de santé, la pauvre fille était martyre de sa pléthore sanguine. Chaque mois il fallait la saigner. Et, avec cela, elle n'en eut pas moins, à vingt-sept ans, cette extase suprême *de la félicité céleste*. Hors d'elle-même, elle s'en confessa à son abbesse, femme habile, qui prit une grande initiative. Elle osa dresser contrat de mariage entre Jésus et Alacoque, qui signa de son sang. La supérieure signa hardiment pour Jésus. Le plus fort, c'est qu'on fit les noces. Dès lors, de mois en mois, Marie Alacoque recevait régulièrement les visites de son légitime époux !

Il est facile de mettre le doigt sur la plaie historique. Dès l'année même où le miracle eut lieu, le culte protestant fut défendu à Paray ! On fit du Sacré-Cœur un drapeau de guerre civile contre les religionnaires. La révocation de l'édit de Nantes, qui suivit moins de dix ans après, fut préparée par ces visionnaires, moins innocentes qu'on l'imagine, plus criminelles que folles. Même, par une analogie qui ne serait étrange que si les jésuites ignoraient l'histoire de l'Eglise, c'est de la congrégation des visitandines que sortit la Colombière, jésuite poitrinaire que l'on chargea de la conversion des Anglais.

La Colombière, prédécesseur de l'abbé Newman, converti par les prières du Sacré-Cœur de Notre-Dame-des-Victoires, alla dévotement passer un an près du volcan féminin. Marie Alacoque, sa pénitente, voyait son cœur uni au sien dans le Sacré-Cœur de Jésus. Il serait difficile de dire si de pareilles affirmations tomberaient sous la juridiction du médecin ou du procureur du roi. Nous ne nous chargerons point de trancher à la légère une si scabreuse difficulté.

Ce qui est sûr, c'est que ces visions célèbres produisirent la multiplication rapide des maisons du Sacré-Cœur. En vingt ou trente ans, dit Michelet, on en créa quatre cent trente-huit, dont beaucoup durèrent jusqu'à la Révolution.

La congrégation de Notre-Dame-des-Victoires est encore plus féconde en congrégations affiliées, car leur nombre se compta bientôt par milliers, et il n'y a pas de mois qu'on n'en affilie quelques dizaines.

Les visions de Marie Alacoque, la belle visitandine, ne précédèrent que de neuf ans ce grand acte hideusement piétiste que l'on nomme la Révocation de l'Edit de Nantes. Est-ce la faute des adeptes du curé Desgenettes, si les visions modernes n'ont précédé que le Syllabus et la déclaration du dogme de l'Immaculée-Conception !!

A Notre-Dame-des-Victoires, on ne se bornait point à prier pour la conversion des Anglais, on priait encore avec la même ardeur pour la conversion des israélites en général, et en particulier pour un israélite né à Strasbourg, frère d'un israélite déjà converti. Cette circonstance aurait dû, si l'on raisonnait dans ces matières comme dans les matières raisonnables, rendre le miracle aussi peu surprenant que la conversion du puseyste Newman.

Alphonse de Ratisbonne, le héros de ce roman piétiste, qui se trouvait à Rome, prétendit voir la Sainte-Vierge qui lui apparut tout à coup au fond d'une des 360 églises de la ville éternelle. Comme l'abbesse du XVIIe siècle, l'abbé Desgenettes n'eut pas de contrat de mariage à signer. Mais, touché par cette vision, pour le moins aussi miraculeuse que celle de l'abbé Desgenettes, le juif Ratisbonne se convertit.

Cette conversion, qui fut habilement annoncée par toutes les trompettes ecclésiastiques, servit de consécration à la gloire du sanctuaire de Notre-Dame-des-Victoires.

N'était-ce point aux prières déposées au pied de cet autel qu'il fallait faire honneur de la glorieuse apparition romaine et par conséquent de la conversion miraculeuse d'un des descendants des bourreaux de Jésus-Christ !

Les murs de l'église se couvrirent d'*ex-voto*, les galeries latérales, jusqu'alors désertes, se remplirent de confessionnaux, de trépieds, de marchands de cierges, de chapelles vouées au Sacré-Cœur de l'Enfant-Jésus et à tous les saints du calendrier.

En 1854 eut lieu, dans les murs de cet édifice, une cérémonie digne du moyen âge. Un légat du pape vint processionnellement apporter une couronne d'or à la Vierge miraculeuse, et y ériger un autel privilégié. Mais les guérisons authentiques ne devinrent pas plus nombreuses qu'avant cet acte de l'infaillibilité pontificale. Car nous n'avons point appris que le sanctuaire de Notre-Dame-des-Victoires ait été utilisé en temps de choléra, ni même qu'il ait servi à protéger contre la variole les fidèles deux et trois fois vaccinés.

Cette cérémonie eut lieu avec l'assistance des autorités civiles et militaires. Les journaux religieux déclarèrent avec le grand sang-froid qu'ils savent mettre en pareille matière, que le Saint-Père s'acquittait ainsi de la dette contractée lors de l'intervention française. Cette couronne d'or était le prix de la destruction de la République Romaine!! Le sanctuaire en reçut un nouveau lustre, pèlerins et offrandes affluèrent avec une abondance réellement inespérée.

Le couronnement de Notre-Dame-des-Victoires n'est point une démonstration isolée dans notre France autrefois sceptique, raisonnante et raisonnable.

Le 23 mai 1855, une cérémonie analogue réunissant trente mille paysans des Hautes-Alpes, s'est accomplie à Notre-Dame-de-Lauss, lieu d'un pèlerinage traditionnel auquel M⁅ᵉʳ⁆ Desprez, évêque de Gap, a senti le besoin de donner un nouvel éclat.

Escorté de sept évêques du voisinage, à la tête desquels il officiait en qualité de délégué spécial de Sa Sainteté Pie IX, l'évêque Desprez a procédé à cette consécration, malgré une pluie battante que, premier miracle, les pèlerins ont bravée! Ce pèlerinage traditionnel de Notre-Dame-de-Lauss a été fondé à la fin du XVIII° siècle par une petite bergère nommée Benoîte Rencurel, qui avait de longs entretiens avec la sainte Vierge, laquelle s'intéressait beaucoup à la manière dont elle gouvernait son troupeau. Descendre du ciel pour se faire vachère ou gardeuse de dindons, voilà une humilité que notre cœur mondain ne comprendra jamais. Elle est, faut-il ajouter, peu d'accord avec l'orgueil de la prétendue apparition à l'abbé Desgenettes, où la même Vierge demandait l'érection d'une chapelle à son cœur immaculé. Mais sans doute les profondeurs des desseins des immortels dépassent notre sagesse, et ce n'est point à nous qu'il appartient de les juger !!

Déjà, quand il arrive d'émettre une opinion trop crue sur les faits et gestes des grands de la terre, il est rare que l'on s'en tire sans amende et sans prison !

Le sanctuaire de Lauss fut privé, en 1793, de la statue consacrant la superstition dont il était le centre.

L'abbé Auguste Martel, chanoine et supérieur de la maison de Lauss, a publié en 1850 une histoire de la pieuse bergère. Dans ce gros volume in-8°, le dévot thaumaturge raconte avec détails l'arrivée des vandales. Il se sert de termes qu'il n'est point inutile de rapporter.

« De par l'autorité révolutionnaire, le tout fut envahi à main armée, par une troupe de forcenés ivres d'impiété et affamés de pillage... Cette horde laisse terminer la messe à ceux des prêtres qui se trouvaient à l'autel, ceux qui étaient dans les confessionnaux en furent brutalement arrachés.... Tandis qu'une partie de la bande for-

çait les portes ou escaladait les fenêtres du couvent,
l'autre partie dévastait l'église. La statue *miraculeuse*
de la divine Marie, placée derrière le sanctuaire et revêtue d'une robe richement brodée, fut dépouillée et
laissée DANS UN ÉTAT COMPLET DE NUDITÉ ! »

Dès la première année du rétablissement du culte, les
thaumaturges reprirent possession du sanctuaire, mais
la cour de Rome attendit un demi-siècle pour le transformer en autel privilégié. Il serait à désirer que dans
son gros bouquin où il énumère toutes les tentations de
la bergère, le pieux abbé Martel ait trouvé la place de
nous raconter comment la statue miraculeuse fut retrou-
vée.

Quelques années après ce couronnement, la France
allait dans le Mexique sous prétexte d'y porter la civilisation. On nous pardonnera donc de rapprocher de
cette cérémonie la fête commémorative qui avait lieu
à Mexico le 12 décembre 1853, pour célébrer le 320e
anniversaire d'un événement analogue aux visites dont
Notre-Dame-des-Victoires aurait été le théâtre en des
temps si récents, et l'on doit avouer que la légende mexi-
caine offre une sorte de poésie naïve dont les apparitions
de Ratisbonne, du frère Fiacre et de l'abbé Desgenettes sont totalement privées. L'Indien Juan Diego demande à la Vierge de lui donner un témoignage matériel de la réalité de son apparition, précaution que
l'abbé Desgenettes, l'abbé Ratisbonne et le frère Fiacre
ont négligée, omission grave en notre siècle incrédule !
La sainte Vierge, qui était assise sur un beau nuage

blanc, lui dit de cueillir des roses que portait un rosier surgissant subitement sur un sol desséché, et de les donner à l'archevêque. Après mille peines, le pauvre Indien parvient à arriver auprès de Sa Grandeur et lui remet le bouquet enveloppé précieusement dans un linge, pour empêcher les rayons du soleil de dessécher les délicates pétales. O surprise! ô miracle! il n'y avait plus de roses, mais l'image de Marie entourée de rayons dorés. Ces miracles valent mieux que ceux de la bergère de Lauss, et que ceux de l'abbé Desgenettes.

Vision pour vision, donnons au moins la palme au Mexicain qui invente une fiction gracieuse! Car si l'on rétablit le paganisme des anciens, ne doit-on pas demander qu'on le fasse d'une manière dont Ovide et Homère ne rougiraient point?

Dans toute cette cohue de miracles, ne peut-il point y avoir quelques faits dont la science soit à même de rendre raison, et qui tombent directement sous le domaine de la *physique des miracles?* Nous ne parlons point de l'hallucination qui ne connaît aucune règle physique proprement dite, dont le physiologiste seul serait apte à rendre compte, mais des illusions dont chacun peut devenir le jouet, sans perdre son bon sens. Évidemment un individu, mâle ou femelle, prosterné aux pieds d'une statue vigoureusement éclairée, décorée d'objets d'or et de bimbeloterie, qui la regarde avec componction, avec fixité à plusieurs reprises, doit apercevoir une image persistante fixée sur sa rétine. Il n'y a rien d'absurde à supposer qu'il voit ap-

paraître un fantôme produit par une sorte de vision subjective assez facile à provoquer. Les règles de cette
perversion de la sensibilité sont même assez précises,
pour que M. Helumotz les ait tracées dans un savant ouvrage, mis à la portée du public français par M. Javal,
le fils du député. De cette vision subjective dont la physique rend compte, à l'apparition miraculeuse devant
laquelle s'extasie le thaumaturge, il n'y a qu'un pas,
et ce pas l'imagination doit le franchir, hélas, bien aisément!

Ce jeu d'ombres et d'objets éclairés produit des effets
saisissants même sur les théâtres des physiciens des bou-
levards, où l'on s'attend à les apercevoir. Quelle ne doit
point être la vivacité des impressions reçues, quand le
spectateur mêle malgré lui, sans s'en douter, les images
subjectives imprimées sur sa rétine à la vue des objets
environnants, quand il a été affaibli par le jeûne, préparé par des prédications effrayantes, enivré par la vapeur de l'encens, le son de la musique, le rhythme des
chants et des gestes, enfin quand les jeux d'ombres et de
lumières ont été distribués peut-être par d'habiles physiciens. La raison du dévot prosterné au pied d'un autel
solitaire vacille et tremble comme la feuille légère exposée
au souffle du vent! Combien il diffère de l'homme de l'Ecri-
ture qui a des yeux pour ne point voir et des oreilles pour
ne point entendre, car il a des oreilles qui entendent parler
de muettes statues de marbre, et ses yeux aperçoivent
des fantômes qui ne hantent que son cerveau!

Nouvelle Châsse

Dans laquelle est renfermée la robe sans couture de Notre-Seigneur
Jésus-Christ, honorée à Argenteuil (Seine-et-Oise).

CHAPITRE V.

LA SAINTE ROBE D'ARGENTEUIL.

La Sainte Robe de Notre-Seigneur Jésus-Christ était une relique si précieuse, que nos marchands de miracles ne pouvaient consentir à la laisser détruire par la Révolution. Aussi, ne connaît-on pas actuellement moins de deux robes sans couture, adorées simultanément à Argenteuil et à Trèves. L'exposition de la robe de Trèves excita, en 1844, une énergique protestation du célèbre prêtre catholique libéral Runge, qui se sépara en cette occasion de la communion romaine. Il parait qu'elle avait attiré plus d'un demi-million de pèlerins, appartenant à la classe la plus pauvre, la plus ignorante, venant renouveler aux pieds de l'évêque Arnold de Trèves les scandales contre lesquels Luther s'était révolté trois siècles plus tôt. La croyance à la relique de l'église d'Argenteuil s'exerce sur une moins grande échelle, mais l'exposition ayant lieu tous les ans n'est pas moins excessivement fructueuse pour l'église paroissiale, ainsi que pour les cabarets du pays.

Que dire de cette superstition tenace déjà attaquée il y a près de deux siècles par l'abbé Thiers, sous les auspices de l'approbation de l'évêque de Paris, et qui dure encore quoique ses patrons n'aient pu produire un seul texte, même frelaté, d'auteur ancien, qui raconte ce qu'est devenue la robe sans couture après qu'elle fut tombée dans les mains des soldats? De même que la robe rivale de Trèves, cette relique fut tout-à-coup exposée avec éclat à la suite d'une révélation. C'était la Sainte-Vierge qui avait révélé à un moine précurseur de l'abbé Ratisbonne, cette existence miraculeuse ! Rien n'est grotesque comme de suivre les apologistes de la robe sans couture dans leurs efforts pour cacher les lacunes de plusieurs siècles, qui existent dans leurs traditions. Dieu ! que les marchands de miracles ont peu d'imagination pour avoir recours, uniformément, aux mêmes légendes, à l'impératrice Hélène, mère de Constantin, et à cette autre impératrice Irène, burlesque prétendue de Charlemagne, qui avait écoulé sur la France la défroque de ses sacristies en même temps que les orgues de Barbarie. Les solécismes, les barbarismes, dont abondent les vieilles chartes excipées par les propriétaires de la tunique d'Argenteuil, ne font en aucune façon reculer le prolixe auteur qui, sur cette seule relique, a publié un livre plus gros que celui que nous mettons sous les yeux du public en ce moment.

Ce thaumaturge, dont l'ouvrage se vend dans la sacristie d'Argenteuil, nous apprend que Jésus-Christ n'eut jamais qu'une seule tunique inusable, tissée par les mains adorables de sa mère, et qui grandit avec lui.

Lorsque le concordat eut permis aux superstitions de refleurir, la robe se retrouva. Je ne serais point étonné qu'elle ne se fût miraculeusement raccommodée.

Il est juste d'ajouter à ce qui précède que la recrudes-

cence de cette superstition a précédé la Révolution de
Février, et que ce n'est point au régime actuel que l'on
peut reprocher de l'avoir inoculée aux paysans des environs de Paris. En effet, la confrérie de la Sainte-Robe
fit exécuter une châsse, qui figura avec honneur à la
dernière exposition des produits de l'industrie, tenue
sous le règne de Louis-Philippe. L'*Illustration* du temps
donna même le dessin de ce morceau d'orfévrerie. Depuis
lors, les saintes industries religieuses ont pris un développement inespéré. On peut dire que c'est actuellement
une des branches importantes de l'industrie nationale !
C'est ainsi que dans notre siècle de lumières nous savons
éclairer l'humanité !!

La sainte Tunique de Notre-Seigneur Jésus-Christ
n'est pas la seule relique personnelle de la sainte Famille. Car, dans plusieurs églises de France, on con-
serve des chemises de la Sainte Vierge, mais nous ne nous
chargerons certainement point de les compter : nous
préférons citer quelques passages du discours prononcé
par Mgr Pie, évêque de Poitiers, lors de la cérémonie du
couronnement de Notre-Dame-de-Chartres, le 21 mai
1865. Voilà en quels termes s'exprime cette lumière du
parti ultramontain :

« Par les ordres de Charles-le-Chauve, l'une des reliques sacrées de Marie, que l'Occident avait reçues des
empereurs d'Orient, *la Tunique intérieure* de la très-
sainte et très-chaste mère de Jésus, fut apportée en cette
cité, où désormais elle partagera avec la Vierge de la grotte
la vénération et les hommages de toute la chrétienté.

Est-ce ce vêtement sacré qui est représenté sur nos antiques monnaies, et qu'on retrouve dans le blason hiéroglyphique de la cité, ainsi que l'assurent d'illustres numismates ? J'hésiterais à le croire. Mais ce qui est du domaine authentique de l'histoire, c'est la délivrance miraculeuse de la France par ce divin Palladium. Devant la sainte Tunique de Marie, portée au bout d'une lance par l'évêque de Chartres, en guise d'étendard et de drapeau, Rollon, l'invincible Rollon, et ses intrépides bataillons, se sentirent terrassés. Défaite glorieuse, s'écrie un personnage presque contemporain, qui apostrophe ainsi le vaincu : « O Rollon, vaillant et puissant capi-» taine, ne rougis pas de cette déroute. Ce n'est pas le » Franc qui te met en fuite, ni le Burgonde qui te taille » en pièces : *Non te Franco fugat, nec te Burgundio* » *cædit ;* c'est la Tunique auguste de la Vierge mère » de Dieu, placée aux mains d'un prélat vénérable. » Depuis ce jour, M. F., la *sainte Chemise de Chartres* (car il faut bien employer le nom que lui ont donné nos pères), est considérée comme la tutelle de la cité et de la nation ; l'église où elle repose s'appelle désormais, dans le langage mystique des peuples, *la chambre, le thalame, le lit* de la Vierge ; la châsse qui la contient, faite de bois de cèdre revêtu d'or pur, est chargée successivement des dons de toutes les générations ; elle est portée solennellement en procession dans tous les temps de calamités publiques ; elle est exposée durant tout le jour devant le grand autel ; elle a ses prêtres chapelains et ses gardiens perpétuels ; nul ne mérite le titre de dé-

vot pèlerin de Notre-Dame, s'il n'a passé sous la
châsse, d'où découlent mille grâces de guérison, s'il
ne porte sur lui une image bénite de la sainte relique : préservatif assuré, bouclier impénétrable derrière lequel les chevaliers ne craignent ni fer ni
acier ; à tel point, est-il observé dans certain discours
sur les duels, que celui qui est muni d'un tel avantage en doit avertir son adversaire, parce que la
partie n'est plus égale. Je m'arrête, M. F., car je ne
dois pas me laisser aller à l'abondance de la matière. »

Nous le demandons à nos lecteurs : est-il possible d'i-
maginer un discours moins fait pour nous donner confiance dans la propre infaillibilité d'un des théologiens
les plus acharnés à nous faire croire que le pape ne saurait errer ?

De quels termes ne pourrions-nous point nous servir,
s'il nous prenait fantaisie de dire qu'il a altéré la
vérité ?

Que l'on nous pardonne si notre sang-froid nous aban-
donne ! mais comme si Mgr Pie voulait nous obliger à
boire jusqu'à la lie le calice d'absurdité, il s'écrie dédai-
gneusement dans une note rejetée au pied d'une page :

« La critique la plus éclairée démontre l'authenticité
de cette relique par une possession séculaire et *par des
preuves qui ne laissent rien à désirer*. L'objection
qu'on a voulu tirer de la pauvreté de Marie n'est pas
sérieuse. Certes, si modeste que fût sa condition présente, la fille des rois de Judas pouvait bien posséder
(une chemise) un de ces vêtements qui se transmettaient

de génération en génération dans toutes les familles anciennes, *lorsqu'elles étaient déchues* de leur ancienne splendeur. »

Dans ces temps si loin de nous, la chemise était le *drapeau blanc* des pauvres, qui aimaient à mourir enveloppés dans la chemise de leur aïeule avec ou sans panache blanc.

CHAPITRE VI.

LE PARDON DE SAINTE-ANNE-D'AURAY.

Malgré la nécessité dans laquelle nous nous trouvons de nous restreindre à un petit nombre d'exemples pour ne point faire l'école buissonnière au milieu d'une multitude de superstitions ridicules, étranges, nous ne pouvons laisser de côté les saints Bretons. Nous allons raconter l'histoire du dernier venu. Malgré son origine toute moderne, il n'en est pas moins digne de notre intérêt spécial, car il a reçu dans ces derniers temps une singulière consécration, et il a dû servir de modèle à d'autres pèlerinages dont nous serons obligés de parler.

En 1624, l'origine de ces superstitions est d'une monotonie effrayante, un ignare paysan Breton, nommé Nicholasik, prétendit avoir eu une vision céleste qui lui ordonna de creuser en terre, afin d'y retrouver l'image de sainte Anne, enfouie depuis neuf cent quatre-vingt-quatre ans! Si l'on eût fait à cette trouvaille les mêmes objections qu'à la découverte des mâchoires d'hommes fossiles, le pauvre Nicholasik n'eût peut-être point été capable de répondre. Mais à cette époque on n'était guère sceptique en matière de miracle. Toute la Bretagne tressaillit d'enthousiasme. De toutes parts arrivèrent des pèlerins à Auray; on construisit une église, et le pèlerinage actuel fut fondé à l'imitation de celui que les druides y avaient probablement établi. Car le culte des fontaines faisait partie de cette religion champêtre de nos ancêtres. Probablement Nicholasik, précurseur des marchands d'eau de la Salette, fut temporellement récompensé des faveurs de sainte Anne. La chronique n'en dit rien, mais nous le voyons chargé de guider les paysans dans la cérémonie de l'inauguration, à laquelle figurèrent des suisses de la garde royale, et le duc de Montbason, envoyé exprès de Paris ; ce dernier portait dans une châsse de cristal une relique de sainte Anne, sans doute miraculeusement conservée, et qui couronnait merveilleusement la miraculeuse découverte de la statue. Outre les grandes scènes de la cérémonie religieuse, l'accomplissement des vœux particuliers donne lieu à mille épisodes étranges, faits pour frapper l'imagination populaire. On voit des pèlerins qui font à genoux le tour de l'église, des mères qui déposent près de l'autel le bonnet pailleté de leur nourrisson, des jeunes filles qui livrent leur chevelure en reconnaissance d'un vœu exaucé, etc., etc. Le sanctuaire est tout tapissé de ces trophées de la superstition. Quelquefois, des comédies complètes sont jouées ; ainsi, M. Émile Souvestre raconte qu'une troupe de matelots miraculeusement échappés à un naufrage se présenta au pardon, il y a quelques années, la tête voilée ; au moment où les vagues allaient les engloutir, les marins avaient fait vœu de se rendre au pèlerinage de Sainte-Anne-d'Auray, le visage couvert, et sans se faire connaître de personne. Les femmes, les filles, les mères étaient là, attendant la fin de l'office. Enfin, les voiles tombèrent, et vingt cris partirent en même temps: cris de joie et de douleur, car si les unes reconnaissaient ceux qu'elles avaient pleurés, les autres se savaient veuves ou orphelines ! Mais la force de la superstition irréfléchie est si grande, que les veuves et les orphelines n'attribuaient point à la négligence de la sainte la perte de ceux qui leur étaient chers ! Elles pleuraient silencieusement, tandis que leurs heureuses compagnes faisaient retentir le sanctuaire de leurs chants d'allégresse, et retournaient dans leur pauvre demeure, enthousiastes de celle à qui elles devaient un fils, un frère, un père, un époux !

Quelque temps après la naissance du Prince Impérial, l'Empereur et l'Impératrice, dans un voyage en Bretagne, se rendirent en grande pompe à Sainte-Anned'Auray. Leurs Majestés arrivèrent précisément le 24 juillet, jour de l'anniversaire de la découverte de la statue miraculeuse. Ordinairement, en ce jour solennel, les paysans campent sous des tentes et achètent force cierges, avant d'aller boire des eaux miraculeuses. Cette fois, on y vit en grand nombre des cent-gardes, des maréchaux, des sénateurs et des préfets, faisant cortége au chef de l'État. Chaque année, la grand'messe est célébrée en cet anniversaire avec une pompe inusitée. En présence de Leurs Majestés Impériales, le clergé trouva le moyen de se surpasser lui-même. L'évêque de Vannes, qui officia pontificalement, se hasarda même à prononcer un discours assez violent en faveur des droits du Saint-Siége, auquel l'Empereur dut répondre par quelques mots assez vertement rédigés. Tout prêta matière à commentaires et à mandements dont les feuilles du temps, à court de nouvelles, s'emparèrent avidement. Un chœur de jeunes garçons et de jeunes filles s'avisa de chanter, en l'honneur du Prince au berceau, des hymnes maladroites dans lesquelles on affecta de voir des allusions offensantes pour certains membres de la famille impériale :

> Noble enfant, un loup farouche
> Rôde autour de ta couche,
> Et veut te dévorer.
> Mais sainte Anne, ta mère,
> Saura te protéger.

Ordinairement le pèlerinage de Sainte-Anne-d'Auray est moins brillant, mais plus pittoresque incontestablement. A l'issue de la grand'messe, des marins viennent traîner les débris des navires qu'ils montaient lorsqu'ils ont échappé au naufrage, à la suite des prières de la grande sainte Anne d'Auray. Que la superstition est ingénieuse, car il tombe sous le sens que l'intercession de la grande sainte aurait dû aller jusqu'à empêcher les vaisseaux de sombrer.

Des malades guéris accourent avec le linceul que l'on avait préparé pour eux, des boiteux apportent les béquilles qui leur sont devenues inutiles par suite de l'intervention miraculeuse de sainte Anne. Enfin, les femmes stériles que sainte Anne a rendues fécondes s'apportent elles-mêmes. Évidemment, elles ne peuvent faire mieux !

Nous ne pouvons nous empêcher de rapprocher les superstitions dont Ste-Anne-d'Auray est le centre, de l'habitude de vouer les enfants à Marie. Elle est excellente, me disait il y a quelque temps un habile physiologiste. — Quoi ? m'écriai-je, êtes-vous donc tombé en enfance, que vous approuviez de telles superstitions ! — Ce n'est point, m'a-t-il dit, que je ne reconnaisse la fourberie des marchands de miracles de notre siècle ; mais quand on voue les enfants à Marie, on est obligé de les mettre en blanc. Il en résulte que l'on doit les tenir propres, qu'on les change plus souvent de linge et de robes. Voilà en quoi consiste le mystère des guérisons attribuées à la Sainte-Vierge, et qui ne sont dues qu'à un surcroît de précautions.

Nous laisserons au lecteur le soin de faire l'application de ces préceptes au pèlerinage de Sainte-Anne-d'Auray et à tous les *pardons* analogues. La distraction du voyage et les émotions inséparables de l'espérance d'une guérison. L'espérance, voilà le grand mot ! Cesser de se croire incurable, voilà le moyen d'être pour le moins à moitié guéri ! Ce miracle, comme beaucoup d'autres, ressemble à celui de la soupe aux cailloux.

La petite Bernadette,

Héroïne de la grotte de Lourdes.

CHAPITRE VII.

LES ESPRITS DES EAUX.

Ne nous moquons pas trop ouvertement de ce ridicule
Nicholasik et de la crédulité des Bretons d'il y a quelques
siècles. Car nous venons d'assister à deux comédies non
moins instructives, jouées audacieusement dans deux
parties différentes de la France, l'une au milieu des
Alpes et l'autre au milieu des Pyrénées. La première
est l'apparition de la sainte Vierge, qui est descendue
du ciel le 19 septembre 1847, sous l'épiscopat de
Mgr Bouillard, évêque de Gap, pour se montrer aux
deux jeunes bergers Maximin Giraud et Mélanie Ma-
thieu, âgés le premier de onze ans, la seconde
de quatorze. Elle a causé avec les enfants en patois, et
leur a révélé un secret de la plus haute importance pour
le salut éternel du genre humain tout entier.

Une grave commission, composée des chanoines de
Grenoble, des curés de cette ville, des supérieurs du
grand et du petit séminaire, et présidée par l'évêque, déclara le fait miraculeux; en 1848, le même
prélat, s'enhardissant encore, rendit un mandement
doctrinal et établit un pèlerinage, auquel les événements
politiques donnèrent un étrange, un effrayant développement. Des pionniers s'attachent aux flancs de la montagne,
et tracent sur ses flancs escarpés un chemin que fréquen-

tent bientôt les populations affolées ; le plateau désert se couvre de constructions, des missionnaires y arrivent, des sœurs s'y installent. La sainte Vierge avait fait jaillir un ruisseau ; cette eau miraculeuse se distribue, se vend, se transporte aux extrémités de l'univers catholique. En 1870, ce commerce paraît même prendre une nouvelle extension, car nous avons vu, de nos yeux vu, sur les murs de Paris, de grandes affiches coloriées, apprenant que Maximin Giraud, pâtre de la Salette, avait établi un dépôt à Corps (Isère), où il fait sans doute un grand commerce de cette eau plus que bénite, puisqu'elle est miraculeuse.

Si la Salette prospère, les hommes courageux qui ont essayé d'ouvrir les yeux à leurs concitoyens ont eu à subir bien des persécutions déshonorantes pour le siècle où elles ont pu être pratiquées. Un ecclésiastique du voisinage de la Salette, nommé l'abbé Deléon, fut mis en possession, par le hasard, des preuves de la culpabilité des charlatans qui avaient organisé la fraude. Une fille déjà mûre et à moitié folle de dévotion, avait joué le rôle de la sainte Vierge devant les deux enfants ; elle avait eu l'imprudence de s'en vanter ; elle avait été du reste reconnue par le conducteur de la diligence qui l'avait conduite de Grenoble dans le voisinage de la Salette...... L'abbé Deléon dénonça publiquement la supercherie sacrilége, dans un volumineux ouvrage consciencieusement écrit et intitulé *La Vallée du Mensonge, la Salette Fallavaux*...

La récompense de ce prêtre honnête homme fut d'être

interdit , pendant qu'un grand-vicaire de l'évêque de Grenoble faisait exprès le voyage de Rome pour aller remettre au Saint-Père un pli cacheté renfermant le secret confié par la sainte Vierge parlant patois au petit berger Maximin !!

Ce n'est pas tout ; cette fille intenta une action civile contre l'abbé Deléon et lui réclama 20,000 fr. de dommages et intérêts.

L'affaire fut plaidée en appel devant la cour impériale de Grenoble et la demanderesse trouva pour plaider sa cause de brillants avocats. Il nous est impossible de ne pas mettre sous les yeux du lecteur l'exorde d'un de ces discours. C'est bien ou jamais le cas de dire : *ab uno disce omnes.*

« *Je dois accepter ma cause telle qu'elle est, et telle qu'elle est elle met en relief une polémique pleine d'injures , la raison aux prises avec la foi ! de solennelles et graves sentences ,* les stupides jugements de la commission ecclésiastique et les sots mandements de l'évêque de Grenoble , *dénoncés bruyamment comme des actes d'oppression et d'impiété , l'épiscopat cloué au pilori par un prêtre interdit* » (quel scandale , en effet pour l'ex-rapporteur de l'expédition romaine !), « *les querelles d'un autre âge troublant l'État !* » A qui la faute si ces querelles d'un autre âge troublent l'État : faut-il accepter benoîtement toutes ces supercheries ?

Après avoir résumé le mandement du 19 septembre 1851, l'éloquent avocat ajoute : « S'il était dans le devoir de *Mgr de Grenoble* de prendre ainsi la parole, à coup sûr il était dans son droit de se prononcer pour telle ou telle opinion. Il l'avait fait avec *maturité*, modération , convenance !!! Il n'avait attaqué ni blessé personne. il avait dit aux fidèles!!! sa pensée sur ce GRAND FAIT QUI AVAIT DIVISÉ DES ESPRITS !!! et si la dispute devait continuer, il semblait au moins qu'en ce qui concerne les ecclésiastiques du diocèse, le dernier mot fût dit NON POUR LA CONSCIENCE !!! mais pour la publicité. »

Nous pourrions multiplier nos citations, mais nous n'en avons que trop parlé ! Hâtons-nous d'ajouter que la cour impériale de Grenoble a donné raison à l'abbé Deléon, qui a eu le courage. le noble courage si rare en notre époque, de préférer le soin de sa conscience à la conservation de sa position sociale et de sa profession.

Les merveilles de la Salette Fallavaux, la *Vallée du Mensonge*, devaient susciter des émules, les Pyrénées étaient jalouses des Alpes. Le miracle de Lourdes est venu rétablir l'équilibre dans le courant de l'année 1858, à la suite de l'aventure que nous allons rapporter. Nous avons eu l'avantage de lire le récit complet de cette étrange et niaise aventure dans la seizième édition de *Notre-Dame-de-Lourdes*, ouvrage de M. Henri Lasserre, qui a été honoré d'un bref spécial adressé à l'auteur par le pape Pie IX. Ce document, afin que nul n'en ignore, est imprimé en latin et en français en tête de l'ouvrage. Le succès de cet ouvrage est si loin de s'épuiser que trois éditions ont été publiées à la fois en 1869, une édition illustrée, une édition in-8° et une édition in-18° format anglais!

Dans l'apparition de Notre-Dame-de-la-Salette, les membres de la commission ecclésiastique avaient deux témoins de bonne foi, le jeune berger et la jeune bergère. Mais pour que les enfants fussent inébranlables, il a fallu leur montrer une vierge en chair et en os. De là, le voyage de la comédienne qui bavarda et se laissa reconnaître. Il n'en est pas de même dans l'apparition de Notre-Dame-de-Lourdes, où la sainte Vierge ne s'est montrée qu'à la petite Bernadette Souvirous. On s'était arrangé pour ne point avoir à craindre quelque nouvel abbé Deléon, car la sainte Vierge n'était visible que pour Bernadette. Mais de même que le charlatan de la chanson apporte pour preuve des guérisons d'Amérique la peau du roi de Maroc, la petite apportait la source découverte à la suite des révélations de la dame mystérieuse. Comme la source existe encore, les incrédules n'ont rien à répondre; non-seulement on peut montrer à ces Saint-Thomas le ruisseau béni, mais on peut encore les désaltérer! Cette eau découverte ou trouvée, certainement par des agents bien moins miraculeux, doit devenir un nouveau Pactole, car le pèlerinage de Lourdes suit la voie glorieuse tracée si brillamment dans les annales de la crédulité humaine par la sainte Montagne de la Salette, dont les cailloux sont changés même en reliques, à ce que nous apprend un dessin que nous trouvâmes dans l'*Illustration*. En effet, un rédacteur de ce recueil a rencontré, dans un village de Picardie, un charlatan qui vendait aux paysans des silex provenant de ce lieu bénit. Les acheteurs n'avaient pour garant que la foi de ce singulier débitant de marchandise pieuse. Véritablement s'il ressemblait au portrait qu'on en a fait, nous n'aurions guère aimé à le rencontrer le soir au coin d'un bois ! Il avait la mine des émules de Troppmann que l'on peut voir errer dans la plaine de Pantin.

La crédulité de ses clients était moins étrange, il faut l'avouer, que celle des pèlerins qui se rendaient à la grotte de Lourdes pour assister aux conversations de la petite Bernadette avec un être invisible. Quel moyen de raisonner avec ces hommes et ces femmes qui quittaient leurs affaires et leurs champs pour faire de longues stations dans ce lieu obscur, où ils ne voyaient que les grimaces de la petite thaumaturge !! Ces braves gens s'en allaient, la plupart, persuadés qu'ils avaient vu quelque chose de surnaturel. Hélas ! ce qu'il y avait de surnaturel n'était-ce pas leur aveuglement ? Voilà en quoi consiste le vrai miracle bien des fois.

Ce qui rend ce miracle moins étonnant peut-être à Lourdes que partout ailleurs , c'est la multitude de pèlerinages et de sanctuaires qu'on révère dans la chaîne des Pyrénées. Leur nombre est si formidable qu'un auteur anglais vient de consacrer un volume de 500 pages à leur seule et unique description. Or , l'on sait qu'il y a un entraînement dans la superstition, qui est contagieuse comme toutes les folies. On peut dire que le miracle appelle le miracle, et que l'apparition commande l'apparition.

Ces comédies de la Salette et de Lourdes ont inspiré à M. Gustave Droz un ravissant roman qu'il a intitulé

Autour d'une source et qui a paru dans la *Revue des Deux-Mondes*, où il a obtenu le plus grand et le plus légitime succès. Nous voudrions avoir le temps de suivre l'auteur dans les détails de sa fiction, très-transparente, mais très-naturelle, car l'habile romancier a initié les lecteurs à ces mille manœuvres nécessaires au succès de ces fraudes sacriléges, dans lesquelles tous les acteurs sont à demi coupables, mais où il n'y a pas beaucoup de personnages qui soient coupables entièrement. Que de dupes, en effet, avant de tromper les autres, prennent souvent la précaution de se tromper elles-mêmes. C'est dans le cas des *tables tournantes* et des esprits frappeurs, que cette phase a été le plus souvent parcourue !

Il faut bien le reconnaitre, la plupart des mediums sont purement et simplement d'anciennes dupes qui ont fini par passer *fripons*.

Le mot peut paraitre dur à certains de nos lecteurs ; mais quel autre terme appliquer, par exemple, à ces rêveurs qui s'étaient mis en communication avec l'esprit d'un auteur célèbre, pour lui faire dicter des sornettes, aussitôt que le bruit de sa mort s'était répandu ? Apprenant que la nouvelle était inexacte, qu'ils s'étaient trop hâtés de faire parler l'esprit d'un homme qui était encore de ce monde, ils n'ont point renoncé à leurs exercices stupéfiants. Ils ont appelé gravement d'autres esprits pour compléter l'œuvre forcément interrompue !..

Quelque extraordinaire que puisse paraître ce fait, il n'en est pas moins authentique. Il a été observé par mon

ami Tournier, journaliste à Constantine, il y a une quinzaine d'années, à un moment d'effervescence de fièvre
spirite contre laquelle il avait vainement combattu.
N'est-il pas digne de nous fournir la conclusion du chapitre où nous avons énuméré les merveilles de Lourdes
et de la Salette Fallavaux ?

Paysan français du XIXe siècle qui traîne un balai au clair de la lune pour débarrasser les champs de la rosée.

CHAPITRE VIII.

Nous ne désignerons point, sous ce terme, les opinions répandues chez les agriculteurs, et dont les savants ont dédaigné de discuter les raisons scientifiques. Quoique l'action de la lune puisse être considérée comme problématique, nous serons loin de blâmer ceux qui cherchent à déterminer la nature de son influence sur le temps. Peut-être même est-il possible de perfectionner les préceptes donnés à cet égard par les écrivains d'agriculture ou par les astronomes. Quoiqu'il ne paraisse pas que les périodes d'années soient aussi simples que le croient ceux qui, comme Raspail et l'abbé Cotte, conseillent de s'en rapporter au cycle lunaire de 19 ans, peut-être arrivera-t-on à trouver quelque période de récurrence des années froides et humides ou des étés torrides. Il n'est pas même certain que l'on ait raison de négliger de tenir compte de la présence de la lune pendant les nuits ou de la situation des planètes, en même temps que de leurs mouvements par rapport à la terre, car ceci n'est point du tout de l'astrologie et n'y ressemble en aucune façon. Rien n'empêche de croire que des corps aussi gros agissent et réagissent sur notre globe en vertu de leurs distances, de leur force, de leur diamètre et de leur organisation. Ce qui serait surprenant, c'est

que la loi de solidarité, si puissante entre les moindres
atomes, s'arrêtât brusquement au-dessus de nous, et
que, faisant exception aux règles universelles, les corps
célestes roulent dans les espaces emportés par une aveugle impulsion primitive, contenus par une froide attraction. On a trouvé déjà dans les traditions populaires certaines remarques dont la météorologie rationnelle a fait
son profit. Ainsi, les saints de glace du printemps coïn-
cident avec un refroidissement brusque dû, peut-être,
à l'interposition d'un anneau composé d'astéroïdes qui
viennent en novembre donner des averses si magnifiques
au moins pendant certaines années. Il en est de même des
larmes brûlantes que verse saint Laurent, qui se retourne
sur son gril pendant la nuit du 10 août. Les belles étoiles
filantes arrivant régulièrement à cette époque sont peut-
être l'origine de la légende qui fit donner à l'Escurial la
forme de cet humble instrument de cuisine.

Mais évidemment la majeure partie des échéances
superstitieuses n'ont aucun fondement physique assigna-
ble. C'est ainsi qu'Arago a peut-être eu tort de perdre
son temps si précieux à étudier l'influence de la Saint-
Médard, de la Saint-Gervais et de la Saint-Protais. La
complication des prétendues remarques auxquelles ces
jours auraient donné lieu, leur défaut de logique sont une
preuve suffisante de la nécessité de se borner à hausser
les épaules quand on en entend parler.

La Saint-Médard n'est point la seule fête qui ait
donné lieu à de ridicules dictons météorologiques. Suivant le *Traité des divinations* de Peuler, l'année est

favorable quand le ciel est clair le jour anniversaire de la conversion de saint Paul. Au contraire, l'hiver revient au printemps quand le soleil se montre le jour de la Chandeleur, qui est le 2 février ! Mais s'il est dangereux de voir les rayons de l'astre pour l'anniversaire de la Purification de la Vierge, il n'en est pas ainsi le jour de la Saint-Vincent, où ils présagent de belles récoltes, suivant un dicton recueilli par Martin Arlès, dans son *Traité des superstitions.*

Ces naïvetés sont accueillies par le *Journal officiel de l'Empire français*, de la façon la plus burlesque. Le jour de la Noël ayant été assez froid en 1869, le rédacteur de cette feuille publia un petit avis pour rappeler le proverbe également superstitieux en vertu duquel Noël gelé promet Pâques fleuries !! Il serait bien difficile sans doute de trouver un jour, même dans les années bissextiles, qui n'ait point été de la sorte choisi pour l'échéance de quelque superstition encore vivante dans un obscur sanctuaire de province.

Combien n'y a-t-il pas de pauvres dupes qui vont peut-être encore, le premier jour de l'an, à la fontaine ou au puits pour lui offrir un bouquet, afin qu'il consente à donner de l'eau de meilleure qualité pendant tout le reste de l'année! On a porté dans les champs bien des brandons, le premier dimanche de Carême, pour faire mourir les mulots qui coupent les racines, pour protéger les blés contre la nielle et aussi contre l'ivraie !!

Vous avez peut-être connu quelque vieille ménagère

qui n'aurait jamais osé filer le mercredi des Cendres, de peur que les souris ne rongent son fil pendant le reste de l'année? N'y a-t-il point encore dans le fond de la Bretagne quelque paysan timide qui s'en va mettre du sel aux quatre coins de ses herbages, pour préserver ses bestiaux de tous les sorts que l'on peut lancer contre eux jusqu'au 1er du mois d'avril prochain?

Ma grand'mère m'a raconté que dans sa jeunesse elle a vu garder un pain cuit la veille de la Noël, et en mettre dans le breuvage des vaches après qu'elles ont mis bas leur veau, afin qu'elles se débarrassent plus facilement de la membrane que l'on nomme délivre. Elle se rappelait également avoir vu prendre douze grains de blé, le jour de la Noël, puis baptiser ces douze grains, en donnant à chacun d'eux le nom d'un des douze mois de l'année. On les mettait alors, l'un après l'autre, sur une pelle à feu un peu chaude, en commençant par le grain auquel, dans ce tour de divination ridicule, on avait donné le nom de Janvier. On continuait ainsi jusqu'à l'entier épuisement des grains de blé. Quand il y en avait un qui sautait sur la pelle, on devait croire que le blé serait cher pendant le mois correspondant!

On peut expliquer facilement, soit dit en passant, que les grains de blé sautent, en supposant qu'ils soient assez humides pour donner de la vapeur d'eau; mais on peut très-facilement les faire sauter artificiellement, en y collant quelque parcelle de poudre ou de matière explosible quelconque qui produira l'effet désiré. Ce moyen est indiqué dans tous les livres de magie blanche, où il a été recueilli, après avoir fait l'admiration de bien des paysans.

Que l'on nous permette de rappeler une histoire racontée par Emile Souvestre, dans son *Voyage de Bretagne*. Les prêtres de je ne sais plus quel village voisin de la côte ont imaginé, depuis un temps immémorial, de faire caracoler les chevaux devant une hideuse chapelle consacrée à saint Eloi. Cette cérémonie burlesque a pour but de les protéger contre les sorts et les maléfices que les paysans qui ont le mauvais œil peuvent employer contre eux. Un propriétaire du voisinage faisait travailler à ses digues pour renfermer un relai de mer, et l'époque des grosses eaux approchait ; vainement il pria le curé de vouloir bien dispenser ses travailleurs d'aller célébrer la Saint-Eloi. Le sévère ecclésiastique refusa, et les eaux submergeant la digue incomplète, ce propriétaire se trouva ruiné !!

Ce qui est plus funeste encore que de ruiner un propriétaire, c'est de ruiner l'esprit public en le nourrissant de pareilles chimères, en propageant la foi aux miracles, ces cousins germains des œuvres de sorcellerie.

Loin de nous la pensée d'attaquer ici les pratiques qui peuvent être considérées comme couvertes par le concordat, et de nous élever en ce moment contre celles qui sont protégées par les lois fondamentales de l'Etat. Aussi, nous servons-nous, pour établir notre critique, uniquement du bréviaire romain et des formulaires qui peuvent être attaqués sans nuire au respect des lois de notre pays. Ce n'est point évidemment à nous qu'il faut s'en prendre si des prêtres sortent des limites qu'ils ne doivent point franchir, et s'ils perdent ainsi les immunités dont ils jouissent contre les poursuites de la raison.

Dans la bénédiction d'un navire, le prêtre romain rappelle la bénédiction que Dieu donna à l'arche. Lorsqu'il célèbre la messe pour des voyageurs, même pour ceux qui se rendent dans les lieux saints, il ne manque jamais de prier le Dieu d'Israël et de Jacob, de les faire accompagner par l'ange Gabriel, comme s'il était toujours disponible pour ce service. Il est vrai que la confiance dans la milice céleste empêche moins que jamais le successeur de saint Pierre d'avoir recours à ses fameux dragons pontificaux. De nos jours les zouaves viennent rendre facile la tâche de Raphaël. L'archange serait inexcusable s'il ne veillait sur les pèlerins isolés.

Ce qu'il y a d'étrange, c'est la vivacité avec laquelle persistent de vieilles chroniques absurdes, auxquelles on ne croit que dans un canton, et dont l'on rit dans tous les cantons voisins. Si tous les rieurs se donnaient le mot, les marchands de miracles n'auraient qu'à détaler. Ainsi, on célèbre encore de nos jours, à Livry, une procession en l'honneur de divers marchands que des gendarmes de la milice céleste vinrent tirer de la forêt de Bondy !! Allez demander dans une autre commune de Seine-et-Oise s'il est vrai que des anges soient venus sur la terre du temps de saint Louis pour sauver ces innocents ; vous verrez comme l'on vous rira au nez.

Nous nous garderons bien d'imiter Voltaire dans son conte du *Taureau Blanc*. Nous ne mettrons point en scène l'âne de Balaam, et par respect pour le concordat, nous ne chercherons point s'il a dû se borner à braire au lieu de prophétiser. Mais il y a mille superstitions non imposées par l'Eglise, comme l'histoire de Jonas ou de Tobie, en vertu desquelles les animaux domestiques partagent nos joies et nos douleurs. J'ai trouvé dans l'*Illustration*, mine inépuisable, une gravure représentant le deuil des abeilles de Normandie, province où cependant les hommes ne sont guère sensibles. On croit dans le pays, peut-être avec l'approbation du curé, que les abeilles se laisseraient mourir si on ne mettait à la ruche un chiffon noir, pour les aider à pleurer le maître qu'elles ont perdu. Il faut, pour calmer les tendres insectes, un morceau de crêpe sans doute bénit, ce qui ne se fait point sans quelque aumône.

Quand il bénit l'huile, le prêtre romain demande, au nom de Dieu, à cette substance, de servir à chasser les fantômes et les apparitions. Il est évident que cette bénédiction est tout à fait allégorique, comme le sont beaucoup de contes des Métamorphoses d'Ovide. Rien, en effet, n'est plus préjudiciable aux spectres et aux fantômes, non-seulement qu'une lampe, mais qu'une simple chandelle. Il n'y a même pas beaucoup de gnomes, peut-être, qui soient en état de résister à la lueur d'un ver luisant !

Le rituel romain rappelle aussi la multiplication des

pains, lorsqu'il s'agit d'appeler la bénédiction du ciel sur la couronne sortie du four des boulangers. Nous lisons même dans le récit de la canonisation de sainte Germaine, dû à M. Louis Veuillot, qu'un prodige analogue opéré sur des farines, fut un des motifs du succès de la cause à laquelle Mgr Dupanloup s'était si fort intéressé. Malgré toute sa bienveillance pour les Français, qui venaient de l'arracher aux mains de Mazzini, Pie IX n'aurait pu ouvrir le ciel catholique à la vierge de Pibrac, si les experts de la congrégation des rites n'avaient trouvé authentique le récit de cette merveille ; on ne fait pas de saints sans enquête ni cérémonie. Toutes les fois que le marchand de miracles bénit le jus de la vigne, il ne manque jamais d'invoquer l'exemple du Christ qui changea l'eau en vin. Mais il est rare aussi qu'on ne lui porte point, pour remplacer la dîme, quelques bouteilles de vin.

Nous ne connaissons pas le *propre* de l'office que l'on récite à la procession de saint Ernier, qui a lieu lors de la floraison des blés, et que nous devons considérer comme authentique, quoique nous n'y ayons point assisté, car l'*Illustration* en a publié un dessin malheureusement de trop grande dimension pour que nous le reproduisions. Mais on doit y parler de quelque miracle à nous inconnu. Si ces paysans avaient dépensé en drainages la moitié de ce que leur ont coûté leurs oremus, ils n'auraient pas à craindre de voir leurs blés noyés, une bonne moitié des catastrophes agricoles sur lesquelles ils gémissent ne seraient point à déplorer.

Il y a des provinces où l'on croit encore aux sortiléges,
et où l'on fait encore des incantations mystérieuses ;
quand la lune est pleine, des conjureurs vont sacrifier la
magique poule noire, et d'autres, traînant un balai mystique, courent les champs pour ramasser la rosée, si
dangereuse pour les jeunes pousses. On n'a point encore
oublié partout les prières recommandées par les prêtres
du moyen-âge pour mettre en fuite les chenilles, empêcher les hannetons de s'installer dans un champ, ou
débarrasser les blés des charançons.

Sont-ils, je vous le demande, plus raisonnables, les
dévots qui allument les feux de la Saint-Jean, ou ces
insensés qui parcourent les campagnes avec des torches
la veille de la Noël, afin de porter bonheur aux champs?
Ces pratiques, dont des Caffres et des Hottentots devraient rougir, s'exécutent de nos jours, sans que le pape
songe à intervenir.

Mais il faut avouer que la science officielle n'est point
innocente de cette ténacité des superstitions campagnar-
des. En Belgique, au moins, on cherche à les combattre,
et le gouvernement institue fréquemment des enquêtes
destinées à mettre en évidence leur peu de fondement.
Il n'en est pas de même en France, où le gouvernement
a pourtant inventé le délit de fausses nouvelles que la
loi Belge ne connaît point. La crainte du procureur impérial agirait, dans beaucoup de cas, comme un frein
salutaire, et produirait un effet que les réclamations d'un
écrivain indépendant ne sauront jamais opérer auprès
de populations dont la plupart ne lisent qu'imparfaite-

ment. Dans beaucoup de provinces, les évêques eux-mêmes ne demanderaient pas mieux que de réprimer l'ardeur des marchands de miracles, qui compromettent l'idée religieuse dans son essence la plus pure. Le clergé, comme les démocrates, a ses irréconciliables et ses enragés. L'exemple de la Belgique imité avec modération, tolérance et ménagement, suffirait pour faire disparaître bien des pratiques superstitieuses ; si Napoléon III n'avait sauvé la France en 1851, on n'aurait plus entendu parler depuis longues années de toutes ces absurdités.

CHAPITRE IX.

LES SUPERSTITIONS DES GRANDES VILLES DE PROVINCE.

Paris n'est malheureusement point une exception dans cette recrudescence du piétisme contemporain. Il n'y a pas pour ainsi dire de chef-lieu qui n'ait vu quelque cérémonie plus ou moins étrange, plus ou moins bizarre éclater, si l'on peut se servir de ce terme, dans ces dernières années. De dévots antiquaires cherchent dans les annales de nos provinces quelles sont les fêtes que l'on peut restaurer ! Sous l'ancienne monarchie, la procession dite du Grand-Pardon était célébrée à Chaumont, chef-lieu actuel du département de la Haute-Marne, toutes les fois que la Saint-Jean-Baptiste tombait le dimanche, c'est-à-dire une fois à peu près tous les sept ans. Car l'intercalation des bissextiles et la suppression des bissextiles séculaires, introduit une certaine complication dans l'ordre de ces coïncidences. Un recueil que nous avons déjà cité souvent s'estime obligé de donner le récit d'une de ces solennités septennales, qui fut, paraît-il, célébrée avec une ferveur et un entrain apparents, que l'on aurait vainement cherchés avant la grande Révolution. Alors la foule, beaucoup plus sincère, ne faisait pas un si bruyant étalage de dévotion. En 1855, des milliers de pèlerins allaient chercher, non pas tant des indulgences que des guérisons miraculeuses, et l'accomplissement de leurs souhaits. Hélas,

7*

les pèlerins contemporains, moins sincères que ceux du siècle dernier, cherchent à mettre le ciel sur la terre, et prient Dieu de leur faire goûter par avance les délices de son paradis.

On ne comptait pas moins de sept reposoirs érigés avec un grand luxe dans différentes parties de la cité, et comme de raison on avait consacré le plus magnifique à l'Immaculée-Conception.

« On se serait cru, » dit le journaliste qui raconte ces détails, sans y ajouter une réflexion critique, « à quelque fête du moyen-âge, en contemplant le ravissant spectacle offert par ces chapelles improvisées, les croix, les bannières flottantes, les riches draperies, les ornements liturgiques, les jeunes filles en robes blanches, la statue d'une vierge *miraculeuse* et splendidement habillée, les vieux reliquaires dorés, les statuettes des corporations ouvrières, les thuriféraires en aubes à ceinture de soie, les petits enfants répandant les fleurs à pleines corbeilles, déguisés en anges aux ailes d'or, ou en saint Jean-Baptiste, avec la croix en banderoles et le corps demi-nu, ou bien costumés en chevaliers et agitant leurs étendards bleus. » Puis venaient les brillants uniformes militaires, et derrière le Saint-Sacrement, le préfet, le maire, les chefs de service, le tribunal civil en robe, ainsi que le *lycée impérial !!* le corps des avoués et celui des avocats !! On s'est insurgé avec infiniment de raison contre les grands savants du moyen-âge qui ont osé dire que la philosophie doit être *l'esclave de la théologie*, n'est-ce point dix fois plus honteux pour la science d'être l'esclave de la superstition ! Figurer dans le cortége de marchands de miracles, est-ce une éducation digne des jeunes générations ?

La ville de Lille a son pèlerinage séculaire de Notre-Dame-de-la-Treille, célébré avec une pompe inouïe. Quoique la cérémonie ait eu lieu depuis plus de dix ans, on rencontre encore le dessin qui la représente à l'étalage de quelques-unes des boutiques du quartier Saint-Sulpice, où il continue à exciter sans doute l'admiration des dévots.

D'autres cérémonies du même genre se reproduisent plus fréquemment. Une des plus bizarres s'accomplit tous les dix ans dans un petit village de Bavière, nommé Ober-Ammergau.

Il y a quelques siècles, les habitants ont été sauvés d'une peste, à la suite d'un vœu qu'ils ont fait à la sainte Vierge, de célébrer tous les dix ans sur un grand théâtre érigé *ad hoc* la passion de Notre-Seigneur Jésus-Christ. Le vœu a été accompli sans interruption jusqu'à nos jours. C'est en juin 1870 qu'a eu lieu la dernière représentation, qui a attiré un immense concours de curieux. Le succès a été si grand que les directeurs de la troupe de baladins sacriléges ont décidé que la comédie recommencerait l'an prochain (1872).

La peste n'a plus reparu dans ces montagnes, où l'industrie est très-active. On y fabrique des articles variés de verre peint, des figurines en bois et en cire, des jouets d'enfants, et une multitude d'objets de nature à servir dans les grandes exhibitions religieuses. La représentation décennale est une sorte de foire qui sert à la liquidation des industries du pays !

Cette transformation du pauvre village pestiféré est attribuée par les dévots à l'influence de la bonne Vierge. Mais n'est-il pas permis de se demander si le miracle ne tient point aux recettes décennales que les habitants d'Ammergau ont trouvé le moyen de se procurer ?

N'est-il pas évident qu'il en est ainsi dans beaucoup de villages qui sont attachés au culte de leurs saints, parce qu'ils sont sûrs que ces petites pratiques leur donneront au moins le moyen de faire leur salut dans ce monde ?

Les marchands de miracles savent très-bien allier le culte des intérêts temporels avec celui des intérêts éternels. Ce qui prouve combien ils le comprennent, c'est que l'établissement des loteries de bienfaisance est un moyen fort canonique de se procurer de l'argent. La roulette elle-même est loin d'être excommuniée. Car le Prince de Monaco, qui la protége dans ses domaines, n'a jamais eu, comme son voisin de Sardaigne, maille à partir avec la cour du Vatican. N'est-ce point un cardinal qui préside au tirage de la loterie Romaine, supprimée dans les pays pervertis par l'influence de la révolution et de la philosophie !

Grâce à cette pieuse pratique, on a vu élever des statues colossales qui ne le cèdent point aux merveilles du monde ancien. Le colosse de Rhodes n'a-t-il point été surpassé de nos jours, où l'on a trouvé moyen de donner à des montagnes, une forme immaculée !

Le sanctuaire de Notre-Dame-de-Fourvières, célèbre par le passage de Pie VII, lorsqu'il s'est rendu en France pour sacrer l'empereur Napoléon, a été agrandi, embelli, reconstruit; on trouverait dans ce centre des superstitions lyonnaises, parmi ces *ex-voto* accumulés avec une profusion inouïe, une multitude de preuves d'ignorance et de superstition! Il nous suffira de citer un tableau votif pour célébrer la fin d'une épidémie cholérique, obtenue par l'intercession de cette Vierge puissante. Que diront nos petits-neveux quand ils apprendront que ce chef-d'œuvre a été consacré à l'époque où la commission sanitaire internationale de Constantinople proclamait l'existence d'un principe de contagion dans cette épouvantable maladie! Que dire des ministres qui encouragent des solennités pareilles? Et quelle étrange manière de se dispenser d'établir les quarantaines? Augmenter l'effroi public par des exhibitions d'un absurde piétisme, condamné par la science positive, après l'avoir été, depuis des siècles, par la raison !

Les Lyonnais n'ont-ils pas perdu le droit de rire de l'histoire que nous allons rapporter, et que nous avons tout lieu de croire authentique? Hajee Zama Abadeen, opulent marchand mogol de Madras, vient d'adresser au *Bombay Gazette* une lettre dans laquelle il raconte qu'un soldat ture ayant osé embrasser la pierre noire de la Mecque sans défaire son sabre, une main mystérieuse sortit de terre et appliqua au sacrilége un soufflet si violent qu'il rendit le dernier soupir quelques heures après, et qu'il ne put recouvrer la parole, même pour raconter ce qu'il avait éprouvé. Quand la nouvelle en arriva aux autorités ottomanes, on fit tirer le canon et illuminer la ville. A Bombay, les Mogols allumèrent également des lampions. Que les Mogols rient, s'ils le désirent! Riez des Mogols, si vous l'osez, moi, je ne l'ose; car je songe à ces cérémonies superstitieuses qui ont souillé le pavé de tant de cités, et dont le souvenir me fait monter le rouge au front!

Il n'est point jusqu'à Alger qui n'ait voulu avoir ses miracles et ses inventions merveilleuses. Les Français, ayant trouvé la vieille enceinte mauresque trop étroite, ont entouré la ville d'une chemise plus ample de fortifications réellement formidables. Il est donc devenu possible de supprimer, comme inutile, un des anciens forts, très-solidement construit et connu sous le nom un peu énigmatique des Vingt-quatre heures. En démolissant cette masse de maçonnerie, les ouvriers du génie militaire ont trouvé le squelette d'un condamné à mort que les janissaires avaient enchâssé tout vivant, suivant leur affreuse habitude, dans le pisé. Quel était le malheureux ayant subi cet affreux supplice? Nul ne le savait, nul ne pouvait le savoir, nul ne le sait maintenant, nul ne le saura jamais.

Cependant, le directeur du musée avait précédemment trouvé une légende relative au martyre d'un saint plus ou moins problématique, plus corsaire certainement que dévot, et qui se nommait, paraît-il, saint Jeronimo. Vite on cria au miracle, c'était saint Jeronimo dont on avait retrouvé la dépouille. Quelle aubaine pour la cathédrale d'Alger! Les trompettes religieuses du monde entier répercutèrent la merveilleuse invention. On célébra des fêtes magnifiques pour honorer dignement le saint. **On l'adore** depuis bientôt vingt ans, de par la grâce d'une légende suspecte.

Dans presque toutes les grandes villes d'Europe, le développement de la dévotion publique a été au moins aussi rapide que celui du commerce et de la population. Ce n'est point en s'enrichissant que les peuples deviennent raisonnables et se dépouillent de leurs superstitions, mais en profitant de l'accroissement de la richesse publique pour perfectionner l'éducation. Sans cela le profit matériel devient une source de dégradation. Les populations des villes les plus riches, les plus intelligentes, abandonnées à elles-mêmes, sont susceptibles de donner inopinément les marques les plus horribles, non-seulement d'inintelligence, mais encore de férocité.

C'est à la fin du siècle dernier qu'eurent lieu les expériences nombreuses, à la suite desquelles l'astronome Jérôme de Lalande montra que la baguette divinatoire ne pouvait servir à indiquer la situation des sources cachées. Cependant, il faudrait encore recommencer ces épreuves, s'il fallait en croire certains écrivains scientifiques ou plutôt prétendus tels. Telle est du moins la conclusion d'un article que nous venons de lire en janvier 1870 dans le *Student*, recueil estimé qui se publie à Londres, au centre de la civilisation britannique, et chez un des principaux libraires du pays. Mais nous avons trop à faire de ce côté de la Manche pour user notre critique chez nos bons voisins. Il vaut mieux consacrer à Marseille l'espace dont nous pouvons encore disposer. Car parmi les cités françaises, la ville de l'évêque de Belzunce mérite une mention particulièrement soignée.

La chapelle de Notre-Dame-de-la-Garde, qui n'avait jusque dans ces derniers temps que des proportions insignifiantes, a été reconstruite avec un luxe dont le moyen-âge aurait été jaloux. L'édifice est précédé d'un immense perron, partant de la base du fort Saint-Nicolas et se terminant au porche, dont la hauteur est de 45 mètres au-dessus du niveau des premières marches. Sa flèche est couronnée par la statue de la Vierge qui, par le mouvement de la main, semble bénir le port et la cité.

La statue de la *bonne Mère* a été portée à la chapelle par une procession formidable, composée des différentes confréries religieuses, d'évêques, de cardinaux, de marins et naturellement de jeunes filles vêtues de blanc. Elle était en argent massif, métal dont la Vierge Marie connaissait peu l'usage pendant sa vie. Aurait-elle cru qu'un jour viendrait où elle serait transformée en lingot miraculeux à l'aide d'une loterie !

Ce singulier mélange des plus déplorables instincts et de la religion était commun, surtout en 1863, époque où eut lieu l'inauguration. Il se retrouve dans le cœur des personnes qui viennent implorer l'étoile de la mer, et parmi lesquelles on compte souvent, non-seulement les marins sur le point d'accomplir un long voyage, mais encore les négociants qui ont une cargaison à faire assurer.

Cependant on remarque que la foi dans la miraculeuse

puissance de la *bonne Mère* doit être singulièrement affaiblie ; car jamais le Marseillais le plus crédule ne se contente de faire brûler des cierges ou de faire dire des messes. En descendant de Notre-Dame-de-la-Garde, il ne néglige pas de s'adresser à quelque agence d'assurance maritime. Il ne demande qu'une chose à la *bonne Mère*, c'est de lui inspirer le nom d'une compagnie qui ne manque pas à ses engagements. Singulière transformation d'une dévotion commode, sachant se mettre au niveau des exigences d'un milieu civilisé ! C'est à Marseille qu'eut lieu, je crois, la première consécration du premier monument élevé en France à la gloire de l'immaculée Conception. Cette cérémonie s'accomplit en 1857, au bruit du canon : singulière musique pour la Mère du Sauveur de l'humanité. Serait-elle parente de Charles XII, de Scandinavie, qui, comme Voltaire le rappelle, trouvait que le sifflement des boulets devait être dorénavant sa musique ! On exhiba, comme dans toutes les occasions solennelles, les reliques innombrables que contiennent les sanctuaires de la cité. On se donna garde d'oublier celle de cet apocryphe saint Lazare, qui serait venu prêcher à Marseille quelques années après la mort de Jésus-Christ. Saint Lazare, suivant une légende absurde, à laquelle certains Marseillais croient plus qu'à l'Evangile, aurait débarqué à Marseille, accompagné de la Madeleine et de sa sœur Marthe. Cette fable a donné lieu à un autre pèlerinage et à un autre conte dont nous ne pouvons, malgré notre désir d'être bref, nous dispenser de dire deux mots. La Madeleine se serait retirée dans la grotte de la Sainte-Baume, où, pour se punir de ses péchés, elle se condamna à brouter l'herbe pendant tout le reste de sa vie. Comme ses habits durèrent moins qu'elle-même, elle finit par prier toute nue. N'ayez pas peur, ami lecteur, pour cette sainte repentie, car la légende nous apprend que les lois de la décence furent respectées. Les cheveux de la Madeleine ayant poussé jusqu'à ses talons, elle était abritée contre les regards profanes. Les anges eux-mêmes avaient soin de sa toilette et venaient la peigner sept fois par jour, au bruit d'une musique céleste ! Ce n'est pas le seul miracle dont cette grotte fut témoin, car, pendant longtemps, on y conserva très-précieusement une fiole pleine du sang de la sainte, et ce sang, plus miraculeux encore que celui de saint Janvier, dont nous parlons plus bas, bouillonnait régulièrement tous les vendredis.

C'est dans cette grotte célèbre que l'on vint exorciser, il y a deux siècles, les Ursulines ensorcelées par le curé Godfredy. Elle fut immortalisée par les vers que Voltaire lui consacra en 1768, dans le poème *des Marseillais et du Lion*, où il tourna en ridicule les superstitions dont elle était l'objet. Mais Voltaire y perdit son temps, car, en 1851, la grotte de la Sainte-Baume était encore habitée par un ermite dont la dépouille tenta un voleur qui l'assassina. Depuis ce crime, la grotte resta déserte, mais les pèlerinages n'ont point discontinué, et ce n'est pas ce que nous dirons qui empêchera les dévots d'y retourner.

La grotte de la Sainte-Baume vient de figurer avec éclat dans un procès étrange où une partie de l'Institut s'est trouvée impliquée. Vrain Lucas, le faussaire aux longues oreilles, qui a noirci la mémoire de Newton, a fabriqué des lettres de sainte Marie-Madeleine à son frère Lazare, qui ont excité l'hilarité du monde entier. Croit-on qu'un illustre géomètre eût été si facilement victime de la fraude et de la supercherie, sans ces fourberies pieuses qui préparent à vivre dans l'absurde? Mais les grands savants officiels, habitués à respecter les miracles, ne peuvent être sévères pour les charlatans. On n'a pas toujours le temps de voir si le Pape a approuvé.

Que d'intelligences d'élite ont appris à tolérer le mensonge, la ruse pieuse! Elles se sont habituées à accepter trop souvent le ridicule, à avaler le conte absurde, comme Mithridate s'habituait au poison! En quoi, je vous prie de me le dire, les plus stupides inventions de Vrain Lucas, le maladroit copiste, étaient-elles plus ridicules que certains passages de la *Vie des Saints?* Les inventions de Vrain Lucas, le faussaire aux longues oreilles, devaient paraître raisonnables auprès de certaines que l'on a pieusement adoptées.

Dites-moi donc si le calomniateur de Newton était plus fortement condamné par l'évidence que la petite Bernadette ou les frères Davenport, ou la jeune fille qui est morte de faim, pour prouver qu'elle vivait sans manger? Dans ce monde, il faut choisir : quand la raison est faible et débile, on a beau avoir sur le dos l'habit vert, on n'en est pas moins la victime désignée des Vrain Lucas. Les marchands de miracles donnent la main aux faussaires aux longues oreilles, les faux prépuces dansent avec les faux Newton !

Le reliquaire du saint Prépuce.

CHAPITRE X.

« Caton et Washington nous montrent, dit avec beaucoup de raison Paul-Louis, jusqu'où peut s'élever l'héroïsme, la grandeur d'âme, mais le dernier degré de la
bassesse et de l'ignominie est encore à inventer. » Ces
paroles pourraient s'appliquer à la stupidité humaine.
Quelque hideuses que soient les reliques exploitées par
certains marchands de miracles, on est sûr d'en trouver
de plus hideuses, de plus sales, de plus ridicules encore.
Il ne faut pas croire que les saints prépuces et les saintes
larmes soient le dernier terme. On verra mieux encore,
si l'on ne résiste à cet abrutissement comme l'ont fait
des hommes de cœur appartenant à l'Eglise, alors qu'on
rouait encore les blasphémateurs au nom du roi.

Lorsque le docte abbé Thiers s'élevait contre la superstition du saint prépuce adoré dans l'abbaye de Charroux,
il parlait d'une relique disparue, car elle avait été perdue dans les guerres de religion. Il croyait ne faire que
de l'histoire. Il ne s'imaginait point que cent cinquante ans
plus tard ce prépuce reparaîtrait, et qu'on l'adorerait de
nouveau après des révolutions dans lesquelles sombrerait
trois ou quatre fois le trône de ses rois. Qu'il était loin
de prévoir que ce prépuce serait aussi miraculeuse-

ment récupéré que la robe sans couture d'Argenteuil, et servirait à entretenir l'hébêtement des populations.

On ne s'attend pas sans doute à ce que nous allons discuter la légende idiote en vertu de laquelle ce saint prépuce aurait été donné à Charlemagne par l'impératrice Irène, en présent de fiançailles, quand il était question de mariage entre eux. Car, dans les seuls documents sérieux, il est question du *prœsepium* ou de la crèche dans laquelle le Christ était né ; quant au prépuce, nul n'y avait encore songé.

Lorsque le pape rendit une bulle établissant sans doute quelque autel privilégié à Charroux, on changea *prœsepium* en *prœputium*, le morceau de bois en morceau de chair. Que cette mutation fût faite par un copiste maladroit ou par fraude, l'abbaye ne voulut point en avoir le démenti. Ce fut dès-lors le *prépuce*, qu'au mépris de la morale et de la logique, on continua à adorer.

Grâce à l'obligeance de M. Brouillet, sculpteur le talent, habitant Poitiers, nous pouvons donner le dessin du reliquaire où la relique se trouvait renfermée. Il a dessiné et gravé lui-même avec le plus grand soin ce précieux objet d'orfévrerie. Quand on l'ouvrit, on y trouva trois coffrets renfermés l'un dans l'autre. Celui qui occupait le centre contenait deux morceaux d'allumettes en croix et enchâssés dans un peu de pâte. C'étaient évidemment les débris de la fausse crèche auxquels on avait affaire ; mais on les déclara prépuce, prépuce ils sont et ils resteront jusqu'à ce qu'on les porte au fumier.

Pour qu'aucun genre de ridicule ne manque à cette obscène exhibition, c'est dans un couvent de nonnains que l'on expose ce prétendu prépuce à la dévotion des idiots.

Ce sont donc les chastes épouses du Christ qui sont chargées de veiller sur la partie la plus scabreuse du corps du divin Jésus. L'exhibition de cet objet, que l'on tient à rendre obscène pour la plus grande gloire de Dieu, produit le même effet que l'affreuse ceinture de sainte Marguerite, que mettaient les femmes qui craignaient d'être stériles, afin de donner des enfants à leurs maris. Il a, en outre, la propriété de faciliter l'accouchement des femmes qui sont déjà grosses. Ce faux et chimérique prépuce est donc un talisman à deux fins. Heureuse l'église qui possède un morceau de la chair du divin Sauveur, jamais les aumônes ne lui feront défaut !

Les prépuces attirent les dévots au mépris de la chimie et de la physiologie, car il est impossible qu'un morceau de peau, fût-elle d'âne, ait bravé pendant si longtemps l'action de l'oxygène de l'air. Vainement on citerait l'exemple des momies, car le corps des momies, entouré de bandelettes, a été noyé dans la résine. Mais les charlatans d'autrefois, marchands de miracles éhontés, n'ont pas pris toutes ces précautions.

Au moyen-âge, les moines étaient trop ignorants pour comprendre les conditions de conservation auxquelles les prépuces devaient être assujettis. De nos jours, les physiologistes n'osent dire ce qu'ils en pensent, et la farce sacrilége se perpétue d'âge en âge pour la honte de notre siècle et surtout de notre nation.

8

Ne nous étonnons pas que le jésuite Santarel, crédule auteur du *Traité du Jubilé,* ait énuméré pieusement un autre prépuce, comme faisant un des ornements de l'église de Saint-Jean-de-Latran. Un saint prépuce de Notre-Seigneur est trop précieux pour qu'il n'en ait été créé qu'un seul !

L'abbé Thiers, dans son *Traité des Superstitions,* n'est pas de cet avis. Le brave abbé, qui fut pour ce fait accusé de jansénisme auprès de son évêque, ne comprend pas que l'on puisse adorer deux prépuces de Jésus-Christ à la fois. Quelle différence entre cette foi raisonneuse, qui prétend tracer des règles aux prodiges, circonscrire ainsi la puissance de Dieu, et l'onction du jésuite Santarel qui aurait adoré cent prépuces sans broncher !

Voltaire nous apprend que le prépuce se montrait à Saint-Jacques-de-Compostelle, en Espagne; dans l'abbaye de Saint-Corneille , à Compiègne; à Notre-Dame-de-la-Colombe, dans le diocèse de Chartres; dans la cathédrale du Puy-en-Velay, à Anvers et dans différents autres lieux. Cette circonstance lui arrache à peine un sourire, tant il était dangereux de parler de pareilles matières. Il se borne à dire, à la fin de l'article du *Dictionnaire philosophique ,* avec un flegme plus que philosophique . « Il y a peut-être un peu de superstition dans cette piété mal entendue ! »

Mais il aurait été peu sage sans doute de s'exprimer aussi clairement que nous le pouvons faire aujourd'hui.

On n'a pas de reliques aussi dégoûtantes de la sainte

Vierge, quoique la chemise devant laquelle un illustre évêque se tord d'admiration, soit déjà un objet bien risqué. Mais ses cheveux méritent d'attirer notre attention, car ils ont été assez nombreux pour que l'on ait pu en faire plus d'une perruque. De plus, il n'y a pas de nuance que les dévots ne leur aient donnée. Peut-être la Vierge avait-elle une chevelure bigarrée ? Qui sait si, pour être du goût de tout le monde, elle n'avait point des mèches noires pour les gens de Chelles, de Cluny, de Saint-Sixte, de Saint-Dominique, de Boulogne, de Saint-Salvador ; des mèches blondes pour les dévots de Saint-Jean-de-Latran, de Saint-Marc de Venise, de Notre-Dame d'Oviédo ; enfin une mèche précieuse de cheveux rouges pour le sanctuaire de Saint-Antoine-de-Padoue, de Saint-Denis dans le royaume de France ? Nous ignorons de quelle couleur était le cheveu isolé qui accompagnait la chemise de l'illustre Pie. Nous ne serions qu'à moitié étonné si à Chartres la sainte Vierge avait laissé des cheveux châtains, à moins que les cheveux de Chartres ne fussent pareils à ceux que possédait la Sainte-Chapelle avant la Révolution. Comme ceux d'Assise, la patrie de l'illustrissime saint François, n'étaient-ils pas de ces cheveux qui ont toutes les couleurs qu'on veut, parce qu'on ne peut les voir qu'avec les yeux de la foi ?

Qu'on nous permette de raconter à ce sujet une anecdote que nous tenons d'un des plus savants historiens qui aient écrit sur la Révolution, de M. Vuilliaumé.

Dans une église catholique des bords du Rhin, dont

nous avons oublié le nom , on montrait avant la Révolution un de ces cheveux de la sainte Vierge , excellente
marchandise qui avait le privilége d'attirer une foule
énorme de pèlerins.

Une bonne femme, quoique pèlerine et dévote , avait
senti l'influence du courant d'incrédulité, alors si puissant. Elle demanda d'un air respectueux où était le cheveu de la sainte Vierge qu'on lui montrait ; elle ne pouvait rien voir, quoiqu'elle eût mis ses lunettes et re-
gardât attentivement le reliquaire. « Ma fille, » lui
répondit le marchand de miracles, « si vous voyiez ce
cheveu, vous seriez plus avancée que moi. Car il y a
quarante ans que je le montre, et je n'ai pas encore pu
l'apercevoir une seule fois. »

Lorsque l'on découvrit, par hasard, le reliquaire de
Charroux, en faisant des fouilles dans le couvent de nonnes où il avait été enfoui, la mère abbesse voulut savoir ce que cette relique signifiait. Elle le demanda à un
architecte, qui eut honte d'expliquer la vérité, et qui dit
« que c'était un morceau de chair , enlevé lors de la flagellation ! ! »

CHAPITRE XI.

LES SAINTES LARMES.

Nous associerons à ces reliques subjectives, invisibles par nature, par conséquent doublement, triplement absurdes, les saintes larmes de Jésus-Christ. Généralement, les saintes larmes sont celles qui ont été versées par le Christ sur le corps de Lazare, le ressuscité; la composition chimique des larmes du Christ ne saurait être différente de celles que de simples mortels versent aujourd'hui. A moins qu'elles n'aient coulé comme d'une fontaine, ce que l'histoire ne dit pas, on n'a pu recueillir que quelques gouttelettes d'un liquide renfermant des traces de mucosités et des atomes de phosphate de soude ou de phosphate de chaux. Il ne pouvait sortir des yeux du Christ assez de larmes pour donner un résidu visible au microscope, après que toute l'eau se serait évaporée. La physique la plus élémentaire, indépendamment de l'histoire, prouve donc *le mensonge;* et cependant les saintes larmes n'ont été l'objet d'aucune enquête de la part des physiciens. Les saintes larmes bravent encore les lois connues de l'évaporation !

On pourrait encore appliquer à quelques religieux de nos jours, ce que l'abbé Thiers disait des moines de Vendôme de son temps :

« Ils ont si bien persuadé aux peuples du voisinage

qu'ils possèdent une larme de Jésus-Christ, que cette fabuleuse relique leur produit encore 3 ou 400 livres de rente en évangiles, en messes, en neuvaines, en présents, en oblations, etc., etc. » Pour justifier leur supercherie, ils ont fait écrire par quelque Veuillot du temps un livre qui a pour titre : *Histoire véritable de la Sainte Larme*, et qui a été réimprimé depuis. On y apprend à l'univers chrétien qu'un ange recueillit cette larme et la mit dans un petit vase, lequel il renferma dans un vase plus grand. Ces deux vases, renfermés l'un dans l'autre, furent donnés à la Madeleine, qui les emporta en France, lorsqu'elle y vint avec son frère Lazare, sa sœur Marthe et le grand saint Maxime. La Madeleine, se sentant près de mourir, en fit cadeau à saint Maxime, évêque d'Aix. La précieuse relique resta cachée dans cette ville pendant toute la durée de la persécution. Elle fut ensuite portée à Constantinople, où elle fut conservée jusqu'au milieu du xi° siècle, époque fertile, comme on le sait, en constructions de monastères, parmi lesquels figure celui de la ville de Vendôme. En ce temps, Michel Paléologue donna la larme à Geoffroy Martel pour le récompenser d'avoir chassé les Sarrasins de Sicile; alors Geoffroy Martel, comte d'Anjou et de Vendôme, aurait rapporté en France ce prix inestimable de sa valeur. Une larme du Christ valait une province, et en matière de reliques, les Grecs n'ont jamais été pris au dépourvu.

Comment un Boileau n'a-t-il point tiré parti de la querelle entre le curé de Vibraye et dom Mabillon, à laquelle donna lieu la sainte larme de Vendôme? Combien ce sujet était plus digne d'exercer la satire que la guerre du Lutrin! Que dire de ces magistrats, graves, compassés, étouffant sous leur perruque pour déclarer à qui les saintes larmes appartenaient! Ils eussent jugé, ces jugeurs très-opiniâtres, à qui devaient échoir les *haus* que saint Joseph poussait en sciant son bois, s'il se fût trouvé des abbayes pour se les disputer. Car on les mit en bouteille, et l'on y mettrait bien autre chose si l'on ne réclamait. Demandez aux voyageurs qui ont visité le grand Lama du Thibet.

Les saintes larmes, ainsi que le saint sang de Notre-Seigneur, sont encore adorées dans le nord de la France. Nous avons trouvé à la Bibliothèque impériale une brochure en vers publiée en 1868 par un prêtre d'une paroisse privilégiée. Ce digne homme célèbre en alexandrins une sainte larme, jadis versée par Jésus lors de la résurrection de Lazare. Cette relique a été, comme les autres analogues, envoyée d'Orient par un empereur latin, comme souvenir à sa nourrice, qui habitait un village d'Artois ou de Picardie. Les petits cadeaux entretiennent l'amitié.

« Sainte larme, s'écrie le poëte, sainte larme, sèche les nôtres! »

Restons-en à la métaphore pieuse, allons brûler un cierge devant cette relique, qui inspire de si magnifiques élans d'esprit et de piété.

CHAPITRE XII.

Tout le monde connaît l'histoire de la statue de Memnon, qui, frappée par les rayons du soleil, rendait des sons harmonieux. Les physiciens ont longuement disserté sur ce phénomène, dont la possibilité a été longtemps mise en doute. Mais les découvertes récentes d'un physicien anglais, nommé Trevelyan, montrent que les anciens auteurs ont bien pu dire la vérité. Rien certes n'empêche d'admettre que d'habiles architectes construisant la statue avec des matériaux de nature convenable, soient parvenus à obtenir des sons. Il ne serait pas difficile d'utiliser pour la gloire de saint Pancrace une action calorifique, aussi énergique que celle d'un soleil de Lybie.

En effet, M. Trevelyan démontre qu'on entend des sons très-aigus, mais assez purs, quand on place une tige de fer sur une masse de plomb échauffée. L'inégalité d'augmentation de diamètre produit des chocs synchrones que l'oreille peut percevoir. Mais n'est-il pas plus simple, malgré cette expérience, d'expliquer le phénomène sacré par des conduits menant la voix des prêtres jusqu'à la bouche du dieu? En effet, rien sans doute ne les empêchait de se tenir cachés dans une partie peut-être fort éloignée du sanctuaire. Tout le monde sait avec quelle facilité la voix se fait entendre à de grandes distances, quand on parle au bout de tubes convenablement disposés. Des appareils construits d'après ces principes sont assez commodes, assez faciles à employer pour rivaliser avec les avertisseurs électriques. Des tubes de métal conviendraient parfaitement et pourraient mener la voix dans des réduits lointains. Gay-Lussac ayant fait jouer un air de musique devant une conduite de gaz, les ondes sonores furent perçues presque sans diminution et sans altération sensible par des auditeurs qui se trouvaient à une très-grande distance. Les musiciens se tenaient à plusieurs kilomètres du lieu où opérait le célèbre académicien français.

Mais, généralement, les miracles opérés par les prêtres païens ne supposent même point la connaissance d'une physique aussi perfectionnée, aussi subtile.

Parmi les prodiges racontés par Julius Obsequens, figurent souvent des bruits entendus dans les sanctuaires quand les portes étaient fermées. Ainsi, sous le consulat de C. Marius et de Q. Lutatius (an de Rome 650), les boucliers sacrés s'agitèrent pendant la nuit, et l'on s'empressa de crier au miracle, comme si l'on était sûr que personne ne les avait remués. En l'an 710, une statue de la Victoire, consacrée par Marius, et qui regardait vers le nord, se tourna d'elle-même vers le midi. Admettez que le prêtre ait eu une seconde clef du temple, qu'il y ait eu une entrée secrète, et le miracle s'expliquant aisément, tombe au niveau d'une escroquerie.

Les gens qui croient à la Salette et aux frères Davenport riront de la crédulité de ces païens. Mais si c'était un père jésuite qui avait trouvé une statue de saint la tête en bas, il viendrait à moins de monde l'idée de dire que quelque complice aurait pu la renverser.

Quelque crédules que puissent être les populations ignorantes, elles ne pourraient constamment se contenter de guérisons merveilleuses ou de simples visions, dont les témoins sont souvent suspects. Il devient presque toujours nécessaire d'ajouter à la peau du renard un peu de la peau du loup. Même en plein moyen-âge, les imposteurs avaient certainement des machines et des mécanismes aidant à démontrer la nécessité d'acheter des indulgences. Quelque grossier que fût leur auditoire, ils ne pouvaient se fier à leur seule éloquence, quand il s'agissait de soutirer de l'argent. Leurs artifices valaient mieux que leurs raisonnements.

Henry Etienne parle d'un prédicateur qui faisait cacher derrière sa chaire un frère tenant à la main une perche, au bout de laquelle on avait attaché une tête de mort renfermant une chandelle. Au bon moment où le dévot personnage voulait porter au suprême degré l'épouvante de ses dupes, son compère tendait sa perche et montrait la tête de mort éclairée au peuple qui l'écoutait. Cette comédie grossière suffisait pour produire une impression profonde sur les paysans qui donnaient leurs liards. Mais, de nos jours, il faudrait sans doute des machines plus difficiles à inventer ; les trucs qui avaient pu être de quelque utilité à la milice romaine pour combattre les calvinistes et les luthériens, ne serviraient plus aux opérateurs ultramontains.

Tous les subterfuges dont parle l'auteur de l'*Apologie pour Hérodote* ne sont point aussi grossiers. Quelques-uns ne seraient point indignes de notre temps.

Un franciscain, ayant à prêcher sous un noyer, sema de poudre à canon le nid d'une pie qui l'habitait, puis il attacha à ce nid une petite corde soufrée, à laquelle il fit mettre le feu avant de commencer son sermon, dont le sens pratique se devine aisément. La pie, sans doute attachée dans son nid, se mit à crier en voyant cette fumée s'approcher d'elle. Le moine, qui n'attendait que cela, et qui pensait bien qu'il ne s'en fallait guère que la catastrophe ne fût mûre, de s'écrier : « Méchante bête, qui empêche la sainte prédication, monsieur saint Antoine te veuille brûler de son feu. » Bientôt après, le feu, qui était parvenu jusqu'au nid par le moyen de cette cordelette enflammée, fit sauter le tas de poudre et le nid. « Ceci ne se fit pas sans bien crier miracle, ajoute fort judicieusement Henry Etienne, ce qui fit faire une quête fort pécunière. »

Tous les outils de ces charlatans sacrés n'ont point entièrement disparu. A notre connaissance on possède encore, dans les musées de Paris, quelques pièces assez habilement machinées. On serait bien vite édifié sur la valeur morale des personnages qui faisaient jouer ces mécaniques, si elles n'étaient soustraites à l'inspection du public, sous prétexte qu'elles sont dérangées. Une de ces pièces est un christ à pédale qui communiquait simplement par une corde et des poulies avec le pied du prédicateur, en face duquel il se trouvait accroché. Quand le prédicateur prenait le christ à témoin, le christ inclinait la tête en signe d'assentiment. Je vous laisse à juger l'effet produit sur un troupeau de dupes par un mouvement aussi miraculeux.

L'autre instrument est un démon destiné à épouvanter les pénitents. Cette pièce sortait de la boîte où elle était renfermée, à l'aide d'une spirale qui la projetait avec rapidité. Elle était analogue, sauf la grandeur, la perfection du travail et les mécanismes accessoires, aux diables dont s'amusent les enfants. Elle faisait pendant quelques minutes de hideuses contorsions de toute nature, accompagnées d'un bruit de chaînes véritablement effrayant. Lancée à l'improviste dans le fond d'une chapelle sombre devant un pénitent affaibli par le jeûne, elle ne pouvait manquer de provoquer une émotion dangereuse pour sa raison. Je ne sais si en opérant de la sorte, on est arrivé à faire beaucoup de dévots, mais ce dont je suis sûr, c'est que l'on a dû fabriquer un certain nombre de fous ! Ce curieux morceau, destiné à produire des apparitions diaboliques, a été exposé pendant plusieurs mois dans le salon de M. Fauvety, avant d'aller s'enfoncer dans les combles de l'hôtel Cluny, d'où on ne le tirera point de sitôt, si l'on attend l'assentiment des auteurs qui ont écrit des panégyriques du bienheureux Labre et de sainte Elisabeth de Hongrie.

Si les physiciens profanes n'avaient gâté le métier, que d'argent on ferait dans les pèlerinages miraculeux ! Roberston, Comte, Robert Houdin, Cleverman et Robin, doivent aller tout droit en enfer, si Dieu juge comme les tartuffes dont les mines se trouvent éventées.

L'art de l'escamotage n'a point été poussé très-loin chez les jésuites par une raison bien simple, c'est qu'il faut se borner à des trucs peu compliqués, que les plus grossiers opérateurs puissent exécuter sûrement, sans apprentissage, sans crainte de se tromper. On est encore plus limité dans leurs sacristies que dans les temples de francs-maçons, où les néophytes ont les yeux bandés. Il est vrai que la foi est un bandeau moral; mais celui-là est moins épais et plus facile à soulever.

Pour conserver ce bandeau salutaire sur les yeux du peuple, les marchands de miracles emploient des moyens appropriés à l'intelligence de leur troupeau. Aussi les voit-on avoir recours, dans certaines villes de l'Amérique espagnole, à des mascarades sacrées, où ils déguisent en satans de paisibles bedeaux. Ne désespérons de rien, et si le besoin s'en fait sentir, cette pratique pieuse ne tardera point à franchir l'Atlantique, si déjà elle ne l'a fait.

CHAPITRE XIII.

Il paraît que l'on a conservé, dans certains villages de basse Bretagne, l'habitude de mettre en mille morceaux les vieux pots hors d'usage, le jour du dimanche de Quasimodo. L'opérateur se couvre les yeux comme s'il jouait à colin-maillard, et, armé d'une grande gaule, il cherche à attraper les pots, qui sont suspendus le long de ficelles horizontales assez analogues à celles dont les blanchisseuses se servent pour étendre leur linge. Max Radiguet, qui assistait à cette comédie moitié sacrée, moitié profane, dans le courant de l'année 1854, raconte qu'il eut la curiosité d'en rechercher l'origine. Il eut recours aux lumières d'un bel esprit de village, zélé entre tous les joueurs, qui lui répondit avec une naïveté pittoresque : « Dam, monsieur, il y a comme cela bien des choses que la religion ordonne sans en dire le pourquoi. Ce qu'il y a de bien sûr, c'est que *Quasimodo* veut dire qu'il faut aujourd'hui casser les pots, et, foi de Dieu, je les casse ! »

Cette explication pourrait suffire, si on ne voyait dans le soin avec lequel on restaure des superstitions ridicules contraires à la foi intelligente, une sorte de plan profond, machiavélique même, pourrions-nous dire avec certain droit. N'est-ce point ainsi que l'on opère dans le pays où l'on a soin de placer des madones dans les lieux de prostitution ?

N'a-t-on pas le droit de se demander pourquoi les autorités épiscopales n'ont jamais publié de mandement contre des cérémonies burlesques, dont le seul but apparent semble être de chatouiller des esprits grossiers, de les mettre en appétit de débauche et d'inconvenante hilarité ?

La mascarade des bouchers n'a point perdu de sa splendeur. Depuis l'éclipse rapide de la Révolution de Février, nous avons vu reparaître triomphalement le bœuf officiel dans nos rues élargies et macadamisées ! La Sainte-Epissoire est restée cérémonie publique; nous avons sous les yeux une gravure de 1855 qui représente les marins de l'escadre allant à la messe, leurs officiers en tête, pour célébrer la fête d'une sainte qui n'existe que dans le calendrier des cabarets. Jamais la Sainte-Barbe n'a été fêtée avec plus d'éclat que depuis cette époque. Il en est de même du baptême de la ligne, parodie à laquelle jamais ne manquent les marins de l'État, et les aumôniers de la flotte y assistent en riant avec une complaisance que rien ne saurait lasser !

L'Eglise a excommunié les francs-maçons, mais elle n'a point cessé de bénir les fêtes des compagnons des différents corps d'état. On ne les a jamais vus plus nombreux ni plus enrubanés. Ce qui m'étonne, c'est que l'on n'ait point encore trouvé de saint pour la photographie ou la galvanoplastie ! Patience, au soin avec lequel on déterre, on exhume dans toutes les parties du territoire les vieilles superstitions, on ne tardera point à en créer de nouvelles. L'olympe chrétien ne doit-il pas rester au niveau des progrès de la science et de l'industrie. Quant à la fête des aéronautes, je suis également surpris qu'elle n'ait point été inventée, mais je m'attends à ce que mes confrères choisissent bientôt le jour de l'Ascension.

Il n'est personne qui n'ait lu avec pitié, dans les voyages aux Indes, les récits des superstitions des brahmines, que nous trouvons dégoûtantes parce que nous n'y sommes point habitués. Ce qui nous choque surtout, après les cruelles tortures auxquelles se soumettent les dévots, c'est, sans contredit, ce mélange des farces licencieuses avec la religion, du sacré et du profane. Citerait-on une fête indienne plus ridicule que la mascarade du roi Renée rétablie en grande pompe sous la dernière république dans la vieille ville d'Aix ! Que faut-il dire des pontifes qui bénissent le roi d'Amour, le prince de la Jeunesse, et qui reçoivent dans leur église le chevalier du Guet escorté de toutes les divinités mythologiques ?

Dans l'Amérique espagnole, par exemple, les prêtres ultramontains ne se bornent point à piller le paganisme d'Ovide et d'Homère : celui des brahmines est mis à contribution tout aussi bien que celui des Grecs et des Romains ; tout fait ventre, s'il est permis de s'exprimer ainsi, en matière de superstition.

Les voyageurs qui ont été au Pérou, ont décrit avec d'horribles détails les tortures que s'infligent les In-

diens pendant la semaine sainte pour expier de leur
mieux le crime commis sur le Calvaire lors de la passion
de Notre-Seigneur Jésus-Christ. Les idolâtres du Gange
n'en feraient pas plus ! Il n'y a pas de danger que le
Syllabus des erreurs contemporaines flétrisse et stigmatise de si odieuses superstitions. Les foudres du concile,
non plus que celles du saint-siége, n'iront pas frapper
les femmes qui continuent à adresser des prières aux
pierres druidiques de la vieille Bretagne, et à y apporter,
comme on le fait encore de nos jours, les petits enfants
malades ! Cette superstition fait sourire le bon curé,
qui brûlerait les livres de Voltaire et excommunierait
les lecteurs de Diderot !

On dirait que certains prêtres, ambitieux de plaire
peut-être au préfet plus qu'à l'évêque, se sont soumis le
problème de mettre en pratique le célèbre apophtegme
impérial : *On ne détruit que ce que l'on remplace !*
Pour détruire radicalement l'esprit de recherche et d'in-
vestigation qui les gêne, ils s'efforcent de le remplacer
par la crédulité et la superstition. Ils ont pratiqué à la
sourdine une multitude de petits coups d'état contre la
raison ! Que de vieilles légendes ont été remises à neuf !
Et si Voltaire pouvait ressusciter ! ! Puisse Dieu, que l'on
outrage, pardonner à ceux qui abusent de son saint nom !
Mais qui pourra réparer le dommage que l'on fait à la
nation en laissant dépraver systématiquement le bon
sens populaire ! Malheur à ceux qui souillent la raison
des masses par d'odieux mensonges, car ils sont les pires
ennemis de la patrie.

On rencontre dans les environs d'Avallon, près d'un monastère de l'ordre de la Trappe, sur le bord d'un chemin rocailleux, une énorme pierre informe, charriée évidemment par quelque ancien glacier. Ce bloc erratique, remarquable par son volume, est l'objet d'une croyance superstitieuse remontant au paganisme, et qui, du reste, repose peut-être sur quelque souvenir de ses anciennes pérégrinations. Car on prétend que ce bloc fait un mouvement chaque siècle. On chercha en 1853, année de retour aux idées religieuses, à tirer parti de cette circonstance insignifiante et l'on consacra le monolithe à la sainte Vierge. La cérémonie eut lieu en présence de M. le comte de Montalembert, qui, alors, était un des législateurs les mieux pensants. Le comte Chastellus, ancien pair de France, plus qu'octogénaire, voulut ajouter par sa présence à l'éclat de la cérémonie. Comme il n'y a point de chemins praticables dans le voisinage, il se fit porter par quatre domestiques en livrée. Lorsque la cérémonie fut terminée, la foule, poussée par un sentiment immonde de superstition ignoble, se rua sur le rocher afin de le baiser. L'auteur de *Sainte Élisabeth de Hongrie* et de *Saint Pie V* fit sans doute comme les autres ; c'est ce que le récit de M. Paulin, qui a décrit cette horrible scène, ne nous apprend pas. Ce qui est certain, c'est que la montre de Mme la comtesse de Montalembert disparut dans la bagarre. Vainement un prêtre offrit une récompense et l'indulgence au pèlerin qui la rapporterait ! ! La montre court encore, nul n'a pu la retouver. Est-il quelque chose de plus instructif que ces épisodes. Qu'est-ce qui montre mieux les excès dont sont susceptibles les foules affolées ! !

Supposez, par malheur, que les passions de ce peuple ignorant soient surexcitées par de grandes calamités publiques, et au lieu de voler des montres, on dérobera la vie des citoyens ! Le sang innocent coulera à flots !

Mais seront-elles véritablement responsables de leurs crimes, ces pauvres créatures à figure humaine qui n'ont pour ainsi dire de l'homme que la forme extérieure, car dès l'enfance on s'est appliqué à tuer en elles l'intelligence et la raison !

N'ont-ils point, hélas, perdu le droit de se plaindre, ceux qui ont entretenu cette ignorance ? A qui la faute si les fureurs de ces aveugles se retournent contre ceux qui les ont aveuglés ? Faut-il s'en prendre aux philosophes, qui ont depuis longtemps perdu la parole, parce que depuis longtemps on les a bâillonnés ?

CHAPITRE XIV.

LE MIRACLE DE SAINT JANVIER.

La convocation du concile œcuménique ne pouvait nuire au miracle de saint Janvier, car les pères, conformément aux usages de toutes leurs assemblées délibérantes, étaient liés par les décisions antérieures, et ne pouvaient condamner ce que leurs prédécesseurs ont établi, ou même simplement autorisé. Mais le progrès des lumières a donné un coup terrible à cette superstition. Nous doutons que le gouvernement italien, tout royal qu'il soit à cette heure, se croie obligé d'imiter le général républicain Championnet, dans le cas où le miracle ne se ferait point. Les chanoines et les prêtres n'auraient point sans doute à craindre la fusillade, ni même la prison de l'évêque de Turin, si saint Janvier refusait de s'exécuter. En effet, cette année le municipe paraît avoir eu honte de tirer sa poudre aux miracles ; le canon n'a point annoncé que le sang s'était liquéfié, et la *camorra* ne s'est point insurgée.

C'est en France que le miracle de saint Janvier paraît regagner du terrain. Peut-être de pieux physiciens de Marseille méditent-ils de rapporter à la grotte de la Sainte-Baume le sang de Marie Madeleine, qui, comme Voltaire nous l'a appris plus haut, bouillonnait tous les vendredis. En effet, le journal la *Patrie* vient d'interrompre son apologie du plébiscite, et son exposé des brillantes destinées que l'empire rajeuni réserve à notre glorieuse nation, pour prendre avec ardeur le parti de saint Janvier; il s'est chargé de confondre les incrédules qui ont accusé les marchands de miracles napolitains d'employer quelque truc infâme dans une aussi sainte cérémonie.

L'*Univers Catholique*, dans son numéro de mai 1870, nous apprend gravement que le miracle a mieux réussi que les années ordinaires. Le sang est devenu mousseux comme du champagne, et toute la fiole en a été remplie ! ! Le même journal donne la nomenclature des événements heureux qui se sont produits les années où le phénomène s'était présenté sous cette forme extraordinaire. Nous espérons que nos lecteurs nous dispenseront de reproduire un inventaire destiné à prouver que les amis du pape peuvent en 1871 espérer une excellente année.

La description et la théorie de ce truc auraient pu figurer dans le chapitre précédent, si nous n'avions cru devoir lui attribuer une place spéciale à cause de son antiquité. En effet on trouve dans Horace des vers qui prouvent qu'il nous vient en droite ligne des prêtres païens.

Ces charlatans exécutaient leurs tours d'escamotage dans une ville voisine de Brindes, connue actuellement sous le nom d'Agnazzo, et qui, du temps du poète, s'appelait Egnatie ou, par contraction, Gnatie. Cet épisode curieux, affreusement traduit par tous les interprètes du poète latin, est raconté à la fin du *Voyage à*

Brindes, qui fait partie des satires. C'est sans doute un miracle qui fait que les universitaires qui ont travaillé ce texte si clair ont entassé contre-sens sur contre-sens ! Comme nous allons donner les vers latins, nos lecteurs jugeront.

> . . . . Dehinc Gnatia lymphis
> Iratis extructa, dedit risusque jocosque :
> Dum, flammâ sine, thura liquescere limine sacro
> Persuadere cupit : credat Judaeus Apella,
> Non ego ; namque Deos didici securum agere aevum ;
> Nec, si quid miri faciat natura, Deos id
> Tristes ex alto cœli demittere tecto.

Voici des vers français, qui, quoique indignes *certainement de figurer* auprès du modèle, auront au moins le mérite d'une rigoureuse exactitude :

> De là, nous allons rire en la folle Gnatie
> Par des gens abreuvés d'ellébore bâtie ;
> Dans un temple on nous montre un petit tas d'encens
> Liquéflé, dit-on, sans feu. Malgré mes sens,
> Je laisse ce miracle au croyant sans prépuce ;
> Je sais que de desseins Dieu ne peut changer, fût-ce
> Pour le bien. S'il voulait, par un fait merveilleux,
> Faire éclater un jour sa puissance à mes yeux,
> Le ciel entier serait son immense théâtre,
> Sous un toit il n'irait fondre un baume noirâtre.

Nous demandons pardon au lecteur d'avoir été réduit à traduire nous-même. Nous n'avons pu arriver à rendre la force inimitable d'un passage qui devrait être sans cesse rappelé à tous marchands de miracles contemporains. Comment admettre en effet un seul instant que l'ordre divin établi par le créateur puisse être altéré dans le but d'agir sur l'intelligence de quelques atômes pensants? Sommes-nous dignes de l'intérêt d'un Être éternel et infini, si nous ne savons nous servir de la raison dont il nous a fait présent? Serait-il réduit à se donner à lui-même un démenti pour que nous cessions de nier sa puissance, ou de faire un usage indigne des biens dont il nous a comblés?

Essayons cependant de donner avec quelque détail la théorie d'un tour de physique sacerdotale, qui a bravé pendant tant de siècles toutes les critiques de la science indépendante et de la raison.

Parmi les explications qui ont été tentées jusqu'à ce jour, nous indiquerons deux systèmes fort ingénieux, et qui ont un point de départ commun. Tous deux supposent que le prétendu sang de saint Janvier est formé avec un peu de savon dissous dans l'éther sulfurique. Cette substance, qui peut être facilement colorée d'une teinte quelconque, ressemble à une cire, et peut, par conséquent, très-convenablement passer pour un vieux reste de sang caillé; les dévots n'y regardent point de si près! A la température de 10° centigrades et au-dessous, elle est parfaitement solide. Mais il suffit d'une si faible température pour fondre cette pommade à peine congelée, qu'il faudrait être bien abandonné de la physique et de la chimie pour ne point venir à bout de la liquéfier proprement, sans y porter du feu.

Il y a déjà longtemps que dans un livre publié par M. Dentu, un ingénieux physicien français s'est occupé de l'étude de ce miracle. C'est M. Debay qui, le premier, a eu le courage d'appliquer la physique à l'étude de ce tour d'escamotage sacrilége plus encore que sacré. Cet auteur estime que la liquéfaction du sang de saint Janvier est produite par la chaleur des bougies qui entourent le reliquaire sous prétexte d'honorer le saint. Ce qu'il y a de piquant dans cette manière d'expliquer le phénomène, c'est que les dévôts qui admirent cet tour d'escamotage aident à l'exécuter, puisque la chaleur de leur haleine augmente la tempéra-ture du temple. Mais il me parait douteux que la chaleur de l'air puisse se communiquer dans l'intérieur de la fiole où l'on a renfermé le sang.

La seconde explication se trouve dans l'*Athenœum* de 1869. Le correspondant de ce journal, qui a examiné avec le plus grand soin l'opération, est persuadé que le phénomène est produit par une certaine quantité d'eau chaude qui se trouve dans la partie inférieure du reli-quaire quand le prêtre sort de la sacristie. Sous prétexte de regarder si le sang se liquéfie grâce à ses oremus, l'opérateur retourne fréquemment la pièce, l'eau chaude passe alors dans le haut par un petit tube qui est caché dans les parties latérales. L'eau chaude étant alors voisine du sang, il commence par s'attendrir et il finit par se liquéfier, après un nombre suffisant de retournements. Cette explication, qui nous a mis sur la trace de la théo-rie que nous allons présenter, nous parait incomplète, parce qu'elle ne dit pas pourquoi le sang augmente de volume en se liquéfiant.

Le tour d'escamotage s'accomplit dans une *pièce* ayant la forme d'une lanterne et où se trouvent deux fioles que l'on aperçoit à travers les deux verres qui ferment la lanterne. Ces deux fioles sont cimentées l'une et l'autre par le haut et par le bas, de sorte qu'elles peuvent servir à mettre en communication les deux parties de la lanterne. Le sang caillé de saint Janvier est renfermé dans la grande fiole, qui est globulaire et de la capacité d'un grand verre à boire. Elle est pleine d'une matière noirâtre faisant plutôt songer à l'encens des prêtres d'Egnatie qu'à du sang véritable. La plus petite fiole, en verre vert, ne contient que quelques parcelles de sang caillé, qui ne se liquéfient point. Elle est en apparence sans usage ni emploi quelconque ; on ignore pourquoi elle se trouve dans le reliquaire ; mais nous soupçonnons qu'elle joue un rôle très-actif dans l'escamotage.

Nous croyons que c'est à dessein que cette petite fiole a été fabriquée avec du verre vert. Dans une pièce en usage depuis une vingtaine de siècles et peut-être plus, aucun *truc* n'a dû être négligé. Les opérateurs ont évidemment le plus grand intérêt à empêcher que l'on puisse voir ce qui se passe dans cette petite fiole. C'est donc par là que doit arriver le liquide nécessaire à la dissolution du sang.

Nous pensons que ce liquide doit remplir le réservoir du bas, et au moins une partie du réservoir du haut, car le haut et le bas de la lanterne doivent être en communication par un ou plusieurs tubes cachés dans la

partie latérale, comme le rédacteur de l'*Athœneum*
l'a admirablement deviné.

Le réservoir du bas est incontestablement en communication avec la petite fiole par un trou capillaire, de
manière que le liquide qu'il renferme ne fasse point une
brusque invasion avant le moment choisi pour l'opération;
quand il faut qu'il arrive, il ne le fait que d'une façon
graduelle, ce qui est une condition nécessaire au succès
de l'illusion.

Le liquide peut être simplement de l'eau chaude, je
crois que c'est de l'éther ou du sulfure de carbone,
mais ce point est peu intéressant à déterminer. Expli-
quons comment il passe par ce trou capillaire à un
moment convenu. Tant que la surface supérieure du
liquide serait soustraite à l'action de l'air, il n'y aurait
pas écoulement dans le tube où la matière résineuse,
l'encens, doit se dissoudre. Il suffirait, pour produire
le miracle, que le prêtre, à l'aide d'un mouvement
presque imperceptible que les dupes ne pourraient
saisir, donnât passage à la pression atmosphérique. Si le
liquide est, de plus, mélangé d'un peu d'acide et s'il y a
quelques grains de carbonate de soude dans le tube
miraculeux, on aura la fameuse ébullition. Comme on
le voit aisément par ce qui précède, le miracle peut s'accomplir aux yeux des badauds napolitains par l'intervention,
non du Saint-Esprit, mais de la pression atmosphérique.
Nous avons exécuté cette opération devant cent cinquante
personnes, réunies dans la salle des Capucines le soir
de Noël 1869, avec un seul tube fermé par un bou-

chon en cire subtilement éraillé au moment convenable.

L'appareil, qui valait au plus cinquante centimes, a été
construit par M. Tournier, auteur de la *Chimie sans
laboratoire*.

D'autres procédés pourraient réussir peut-être mieux
encore, quoique le nôtre ne nous paraisse laisser à désirer qu'une chose. Le sang ne se coagule pas de nouveau
devant les spectateurs. Mais les observateurs de Naples
ne sont pas plus habiles que nous, et ce n'est point là
le cas de nous montrer plus royalistes que le roi. Dispen-
sons-nous comme eux de remettre devant le public les
choses dans leur premier état. N'oublions point qu'ils
complètent leur opération en secret dans leur sacristie.
J'ai dit leur laboratoire, et, ma foi, je ne sens pas le
besoin de revenir sur le mot qui m'a échappé.

CHAPITRE XV.

Il faudrait rédiger un long ouvrage si l'on voulait épuiser toute la nomenclature des superstitions auxquelles les hosties ont donné lieu dans des temps même voisins de nous. « Leur seul effet, dit avec beaucoup de raison l'abbé Thiers, est de nous unir à Jésus-Christ. En conséquence, c'est une superstition que de croire que l'on peut s'en servir pour guérir les malades et les blessés, que l'on peut employer les hosties consacrées pour se faire aimer des personnes qui nous haïssent, pour deviner l'avenir, pour résister aux sortiléges qui sont dirigés contre nous, ou pour faire des maléfices. » L'abbé Thiers nie qu'on puisse trouver aucun avantage à les enfouir comme un engrais mystérieux et magique dans les champs que l'on veut fertiliser, dans les jardins où l'on veut recueillir de beaux fruits. Il déclare impie l'opinion qui veut qu'une femme sanctifie en communiant le fruit de son ventre. Mais ne nous hâtons pas de rire quand il déclare qu'on ne peut la donner sans sacrilége à un mulet afin de la faire adorer par cet animal, dans le but pieux de confondre les hérétiques, avant d'avoir raconté les étranges aventures de la stigmatisée Rose Tamisier. Cette fille fut poursuivie non point au moyen âge, mais sous la seconde République française, dans les derniers mois de l'année 1851, comme nous le verrons avec plus de détails dans le chapitre suivant.

Un témoin, la cousine de Rose Tamisier, après avoir communié, avait conservé pendant plusieurs heures un morceau d'hostie sur sa langue sans l'avaler. Elle se rendit dans la chambre de la fille miraculeuse, qui, étant malade, n'avait pu aller recevoir le sacrement de l'Eucharistie. En arrivant, elle s'agenouilla devant la pieuse Rose, de telle manière que les deux langues se touchèrent et l'hostie s'envola sur la langue de la stigmatisée. Ce fait était un de ceux qui avaient le plus excité l'admiration de la commère sur le compte de laquelle nous reviendrons bientôt. Pouvait-on douter plus longtemps que le ciel refusât ses faveurs à une jeune fille dans la bouche de laquelle le corps de Notre-Seigneur s'envolait spontanément !

Dans un autre passage de son curieux volume, l'abbé Thiers dit que c'est une superstition que de mélanger l'hostie consacrée à l'encre pour prendre Dieu à témoin et rendre par cela les actes plus solennels ; de se frotter les yeux et le visage avec cet adorable mystère, de s'en frictionner tout le corps, à plus forte raison de s'en faire un cataplasme pour guérir les coliques. Notre auteur revient encore sur la folie de ceux qui, traitant l'hostie comme un engrais mystique, s'avisent de l'enfouir dans les champs.

Mais sont-ils moins superstitieux les auteurs du livre renfermant l'office propre de sainte Geneviève encore en usage de nos jours, et où nous lisons le passage suivant :

« En 1290 ou 1291 (1), une femme avait déposé quelques vêtements en gage chez un juif nommé Jonathas, demeurant rue des Jardins, appelée plus tard rue des Bellettes. La semaine sainte arriva, la femme prie le juif de lui rendre ses vêtements pour les mettre le jour de Pâques, l'assurant qu'elle les rapporterait le lendemain. Jonathas promit qu'il les donnerait sans réclamer d'argent si elle lui apportait une hostie consacrée. Cette femme y consentit. *Quand le juif l'eut par devers soy, il mit ladite hostie en pleine chaudière de yaue chaude le vendredi-aouré (le vendredi-saint), et quand ladite hostie fut en l'yaue bouillante, il la commença à prendre de son coustel et lors devint l'yaue comme toute vermeille.* L'hostie n'en reçut aucun dommage. Jonathas la retire et la frappe de verges comme les juifs avaient fait autrefois à Jérusalem, la perce d'un clou, la jette dans les flammes, mais l'hostie intacte voltige au-dessus du foyer. Jonathas, continuant ses sacriléges expériences, prit un couteau et fit d'inutiles efforts pour la mettre en pièces... » Les pieux historiens continuent à raconter cette niaise histoire, qui ne serait que ridicule s'ils ne nous apprenaient, avec la plus grande indifférence du monde, que le juif fut brûlé, et que ses biens furent confisqués.

(1) *Notice historique sur la paroisse de Saint-Etienne-du-Mont*, par l'abbé Faudet, docteur en théologie, curé de la paroisse, et M. de Mas Latrie, pensionnaire de l'école des Chartes. Paris, à la sacristie de l'église, 1840, revêtu d'une lettre approbative de Mgr l'archevêque de Paris, page 37.

C'est un événement analogue que les dévots de Bruxelles vont rappeler en l'an d'ignorance 1870, en face du monde entier. Noble manière en vérité de célébrer l'avènement d'un ministère clérical. Si je croyais au pouvoir spirituel du Pape, je serais irréconciliable contre ces pratiques, qui ne sont bonnes qu'à compromettre la religion. Peuvent-ils être catholiques fervents, ceux qui ne s'indignent quand on rappelle le souvenir de semblables événements ?

L'horreur pour les expériences dont les hosties consacrées peuvent être l'objet est si grande, que l'aumônier de la grande Roquette vient de s'opposer, comme s'il s'agissait d'un sacrilége, à la dissection de l'assassin Pierre Momble, qui avait communié avant d'être guillotiné. L'aumônier craignait sans doute qu'on ne trouvât l'hostie entamée par le suc gastrique, comme si les histoires que l'on raconte à propos de son *évaporation merveilleuse* valaient la peine qu'on en fasse la vérification ! Nos jeunes médecins ont des occupations bien plus sérieuses en ce moment. Il n'en est peut-être point un seul qui sache que les conciles ont excommunié l'hérésie des Stercoriens. Nul ne doute en ce siècle que l'hostie n'obéisse aux lois les plus rigoureuses de la digestion.

Ce qui précède nous aidera à comprendre comment il se fait que le curé de Vrigne-aux-Bois, dans le département des Ardennes, ait osé essayer un miracle le 15 mai 1859, en prétendant que les hosties du sacrifice avaient transpiré des taches de sang. Le prodige se manifestant pendant la guerre d'Italie, à un moment où le gouvernement impérial était en lutte avec les prêtres, ne produisit point l'effet qu'on en attendait. Qui sait si l'autorité judiciaire ne modéra point le zèle de l'autorité épiscopale ? Le cardinal archevêque de Rheims ne désavoua pas le curé, mais il ne proclama pas hautement l'existence d'un événement miraculeux. On laissa un pèlerinage s'établir, mais on défendit d'exposer l'hostie sanglante à la vénération des fidèles. Les prêtres seuls furent admis à l'adorer !

Ce nonobstant, l'abbé Jules Morel publia chez Costerman une brochure de 120 pages, pour relater toutes les circonstances de cet événement miraculeux. Au frontispice se trouvait une image représentant exactement l'hostie merveilleuse avec les taches de sang, au nombre de trois grandes et d'une petite. La surface totale ensanglantée est à peu près égale à celle qu'occuperait une pièce de dix sous. Il y a loin, comme on le voit, de ce sang à celui qu'a dû jeter l'hostie du juif Jonathas. Mais au moyen-âge, il n'en fallait pas davantage pour établir des pèlerinages qui duraient des siècles entiers. Le pèlerinage du Saint-Sacrement de Miracle à Bruxelles, n'a coûté que quelques gouttes de sang miraculeux, et cependant il dure encore. M. le curé de Vrigne-aux-Bois, malgré l'éloquence de l'abbé Morel, n'a point été aussi heureux. Hélas ! en ce siècle tout est difficile à faire, même les miracles.

On ne s'attend pas que nous allions disserter longtemps sur l'hostie de Vrigne-aux-Bois. Il suffit, pour expliquer le fait d'une façon naturelle, d'admettre un seul instant que le curé se soit piqué avec une épingle ou qu'il ait écorché quelque bouton qu'il avait au nez. Mais M. l'abbé Jules Morel est un rude joûteur, et il n'entend pas qu'un méchant critique voltairien mette en doute la bonne foi de son confrère de Vrigne-aux-Bois. Qu'on nous permette de donner un échantillon de sa manière de raisonner : « La grande objection (page 15) que l'on fait au miracle de Vrigne-aux-Bois, est que M. le curé a été le seul témoin de la *naissance* du miracle, et que par conséquent le miracle n'a qu'une seule base, la sincérité de M. le curé. A quoi je réponds que cette base ne manque pas de solidité pour peu qu'on veille réfléchir. *Examinons d'abord quel degré de criminalité devrait atteindre l'agent du miracle en question, en supposant qu'il fût l'auteur d'une imposture.* »

Cette hypothèse admise, M. l'abbé Jules Morel cherche à prouver qu'il faut que le curé de Vrigne-aux-Bois ait escamoté trois hosties consacrées ou dit la messe avec des hosties qui ne l'étaient point pour arriver à produire le tour de passe-passe.

« Trois sacriléges dans une seule messe ! L'abîme a-t-il jamais invoqué plus d'abîmes chez les Achelli, les Gavazzi, les Mingrat, les Verger ! » En effet, comme on le voit, cette base ne manque pas de solidité et M. le curé serait bien inexcusable s'il cherchait un autre témoin pour un fait aussi naturel aux yeux des théologiens. Il n'y a que dans l'âme des Fonvielle où plus d'abîmes ont pu être invoqués.

CHAPITRE XVI.

LES JEUNEURS ET LES JEUNEUSES.

Un grand nombre de personnages célèbres, surtout dans la collection des Bollandistes, sont arrivés à imiter et même à dépasser le Christ, qui resta quarante jours dans le désert sans prendre de nourriture.

Un pape, Benoît XIV, qui publia un traité en quatre volumes in-folios sur les canonisations, cite vingt ou trente escamoteurs prétendant être parvenus à se soustraire pendant plus de temps encore que le Sauveur de l'humanité à une des nécessités naturelles qui sont sans contredit les plus impérieuses. Après avoir lu le savant ouvrage, c'est à peine si l'on ose se mettre à table sans remords, on a envie de tenter la fortune et de voir si l'on ne peut avant de mourir s'habituer à ne plus manger!

Que l'on est honteux de ses faiblesses organiques en songeant à ces êtres privilégiés qui ont réussi évidemment à s'émanciper *jusqu'au bout!*

Car celui qui ne mange rien ne doit rien digérer et par conséquent ne doit rien produire, à moins de se digérer soi-même et de dévorer sa propre substance, ce qui ne saurait aller bien loin! Les dévots *glissent* sur ce côté des facultés des *jeûneurs* et des *jeûneuses*, mais il n'en est pas moins digne d'intérêt ni moins surprenant. Les lois naturelles ne sont pas moins suspendues par la constipation absolue, persistante, que par l'abstinence indéfiniment prolongée. Les marchands de miracles devraient avoir au moins la logique d'exploiter tous les aspects possibles de leurs charlatans !

L'auteur infaillible qui nous sert de guide en ce moment, a considéré ce miracle comme si sûr qu'il a réservé un mot tiré du grec pour désigner ceux qui l'accomplissaient. Il les a désignés par le terme qui vient de *asytes*, ἄσιτος, *privés de nourriture, n'ayant pas besoin de se nourrir*. C'est comme cela sans doute que sont les anges, ce qui fait qu'il n'y a point de pot-au-feu au paradis, et que M. Domange n'y ferait point ses affaires, pourrions-nous ajouter.

Si les prétentions des asytes sont absurdes, les récits des complaisants auteurs qui se déshonorent en cherchant à expliquer ces prodiges, sont bien autrement extravagants.

Certains de ces cénobites avouaient interrompre le jeûne miraculeux auquel ils s'étaient condamnés par piété, en recevant de fréquentes communions sous les espèces du pain et du vin. Cette circonstance qui aurait dû diminuer l'admiration de leurs dupes, ne faisait que l'augmenter. En effet, un canon rendu, je crois, par le concile de Trente, assemblée dont la France monarchique a eu le bon esprit de répudier au moins toute solidarité, enseigne que les espèces consacrées n'ont de la matière que l'apparence. On peut dire canoniquement qu'elles n'existent pas matériellement, ce qui les empêche évidemment d'être digérées, même par l'estomac d'un dévot. Mangeât-on des espèces en quantité quelconque, pourvu qu'elles fussent consacrées, on ne saurait considérer le jeûne comme ayant été interrompu, car il faudrait un miracle pour que chaque espèce pût être digérée.

Parmi les personnages plus ou moins sacrés qui ne se sont nourris que de la chair et du sang de Dieu, le pape Benoît XIV cite sainte Catherine de Sienne, sainte Rose de Pérouse, la bienheureuse Angèle Turginos. Que l'on nous permette de ne point épuiser la liste de tous ces illuminés.

Dans tous les cas, est-il besoin de le dire, ces contes ne reposaient que sur des ruses grossières, exécutées dans les couvents pour attirer les offrandes des dévots aussi crédules qu'ignorants des lois éternelles de la physiologie.

Le plus surprenant de ces faux *asytes*, le seul excusable peut-être, est le célèbre Nicolas de Flue, né en 1417 et mort à l'âge de soixante-dix ans, dans son ermitage, près de Saxeln, dans le canton d'Unterwald. Dans la guerre de l'émancipation, Nicolas de Flue montra un courage à toute épreuve. Puis, sentant sans doute le besoin de grandir par une influence surnaturelle le renom qu'il s'était acquis par sa vaillance dans les combats et sa sagesse dans les conseils, il fit courir le bruit qu'il vivait sans manger, ce qui le rendit l'arbitre souverain des populations voisines. Il sut se servir habilement, patriotiquement dans une circonstance mémorable, du pouvoir qu'il avait, il faut bien le dire, escamoté.

Les circonstances étaient très graves pour l'Helvétie, à peine affranchie du joug de l'étranger et menacée par la guerre civile, cette plaie des jeunes Républiques. C'est bien par une sorte de miracle que la patrie de Guillaume Tell put échapper à ce danger.

Les villes de Berne, de Fribourg, de Zurich, de Lucerne, de Soleure, voulant se séparer des petits cantons, un schisme dangereux menaçait l'avenir de la liberté helvétique. Nicolas de Flue descendit de sa retraite à la voix du curé de Stanz, son ami intime, celui qui sans doute envoyait en cachette la nourriture dont il avait besoin. Il ne fallait rien moins que l'ascendant que lui donnait surtout son miraculeux ascétisme, pour triompher de l'égoïsme cantonal, et pour couronner l'édifice de Guillaume Tell par le convenant de Stanz !

S'il n'avait pu mettre au service de sa patrie que son éloquence, il n'aurait pu se faire écouter. Mais on obéit au sage parce que l'on s'imagina qu'il vivait sans manger !

Toutefois, les excellentes intentions de Nicolas de Flue ne justifient nullement la crédulité des historiens ordinairement sérieux qui ont ajouté quelque réalité à ces ridicules fables, et qui se sont mis l'esprit à la torture pour démontrer que l'un des pères de la liberté Helvétique n'était pas un charlatan.

L'histoire de Nicolas de Flue n'a point été oubliée par les écrivains ecclésiastiques ; cette merveille ridicule se trouve rapportée dans le bréviaire romain, édition adoptée par le concile de Trente, que le concordat ne nous empêche point heureusement d'attaquer. Lors de la fête de saint Nicolas de Flue, on récite dans une multitude d'églises des oraisons dans lesquelles on félicite ce bienheureux de ce que les anges se sont dérangés pour venir lui porter à manger. Ces anges étaient peut-être, tremblez dévots, les garçons d'un marchand de vin du coin !

Au commencement du xviiie siècle, les Suisses des quatre cantons ont failli écarteler le franc-maçon Tchuddi, qui protestait au nom de la raison contre de pareilles sornettes, décorées du titre de traditions populaires. De nos jours, on serait peut-être moins brutal, mais je n'aimerais pourtant pas m'y fier. Notre volume a de la chance si quelques exemplaires ne sont point brûlés en l'honneur du grand Nicolas de Flue !

Pendant plus de deux ans, on a entendu parler dans les journaux d'outre-Manche d'une jeune fille miraculeuse habitant dans le fond du pays de Galles, qui prétendait avoir perdu l'habitude de manger. Elle fut soumise à une surveillance organisée par des commères du pays qui prétendirent s'être assurées de la réalité de cette abstinence merveilleuse prolongée pendant plusieurs années. Les résultats de cette ridicule enquête firent du bruit à Londres, où l'on finit par s'émouvoir. Des personnes raisonnables eurent le tort de se mêler à cette affaire, parce qu'elles s'imaginaient que la science était compromise si la fourberie n'était démasquée.

On réunit les fonds nécessaires pour payer des gardes-malades que l'on prit parmi les plus habiles de l'hôpital

10*

Guy, un des plus célèbres établissements de toute l'Angleterre. On installa soigneusement ces femmes dans la chambre de la jeune fille, que l'on soumit cette fois à une surveillance efficace. Le père et la mère de cette infortunée, qui avaient jusqu'alors trouvé moyen de lui glisser quelques croûtes de pain, sous prétexte de l'embrasser, ne purent pas une seule fois endormir la vigilance de ces Argus Londiniens.

Au bout de neuf jours, la malheureuse enfant expira sans avoir pu se résoudre à accepter la nourriture, tant est puissante chez quelques esprits malades la ténacité dans le mensonge. Jamais expérience aussi barbare ne fut conduite avec une aussi affreuse inhumanité, combinée avec une ignorance aussi révoltante. Comment admettre que les médecins qui veillaient sur la malheureuse n'aient point vu venir la mort ! Eussent-ils montré un si complet mépris des règles élémentaires de leur dignité scientifique, s'ils avaient bien compris le ridicule d'une expérience qui ne pouvait réussir sans que l'on dût jeter au feu tous les livres de physiologie ? Ne l'eussent-ils pas mieux aperçu, si les superstitions ultramontaines ne se fussent en quelque sorte infiltrées au milieu du peuple anglican ?

La faim a été étudiée d'une façon admirable. Il n'y a pas de maladie dont on connaisse aussi bien la marche, grâce à des circonstances horribles que nous allons rapporter.

Du temps de la Restauration, un Corse nommé Viterbi fut condamné à mort comme coupable de vendetta. Ce

malheureux, qui appartenait à une bonne famille, réso-
lut de se soustraire à la honte de monter sur l'écha-
faud. Il profita des délais de cassation pour se laisser
mourir de faim. Viterbi laissa une sorte de procès-verbal dans lequel il enregistra jour par jour, heure par
heure, ses souffrances, ses tortures. Ce monument
funèbre, auquel nous renvoyons le lecteur, aurait dû
rendre toute expérience superflue, si la jeune fille du
pays de Galles avait été mise entre les mains de monstres moins odieux !

Nous pouvons constater de notre temps même que ces
folles prétentions sont contagieuses, car on a vu mourir
à Bedleem, hôpital des fous d'Angleterre, quelques
jours après la jeune fille du pays de Galles, un jeune
aliéné de vingt-six ans, qui croyait réellement cette fois
avoir la faculté de vivre sans manger. Vainement on
avait employé la sonde œsophagienne pour vaincre sa
résistance, les jeûnes auxquels il s'était condamné an-
térieurement, pendant l'époque où il était question des
dernières expériences du pays de Galles, avaient trop
complétement ébranlé sa santé. La folie si persistante de
ce malheureux s'était déclarée avec une rapidité que l'on
aurait certainement déclarée miraculeuse, s'il avait eu
des prétentions à la sainteté. Un de ses fournisseurs, son
boucher, je crois, lui ayant présenté une note qu'il était
hors d'état de payer, il avait annoncé que dorénavant il
saurait bien se passer de toute nourriture, et que par conséquent il n'aurait plus jamais un boucher pour créancier.

Mais la discussion de cet exemple nous entraînerait

trop loin, car nous arriverions à nous demander quelle
est l'étendue, l'influence de la folie d'imitation, si fré-
quente incontestablement dans les siècles de foi!! N'en
avons-nous pas vu les traces burlesques dans cette déplorable invasion du spiritisme, dont on a eu tant de
mal à se débarrasser, et qui s'agite encore dans les bas-
fonds intellectuels de l'ignorance et de la superstition?
N'est-ce pas à cette sorte de dépravation, au moins autant
qu'à l'orgueil et à la mauvaise foi, qu'il faut rapporter
la folie d'un confesseur de la rue Villedo, qui a cru que,
comme la tunique sans couture du Christ, les vieilles
soutanes de Pie IX pouvaient guérir les flux de sang?
Cet insensé donna un fragment de cette étoffe grais-
seuse à une servante, qui se déclara soulagée. On en fit
grand bruit, et l'on cria au miracle il y a quelques
années. On crierait moins en ce moment, mais on crierait encore, car l'on n'est point guéri !

L'acte du confesseur de la rue Villedo n'est point ex-
ceptionnel, tant la superstition est ingénieuse. Les de-
mandes de vieux effets ayant appartenu à la garde-robe
pontificale, mieux montée que celle du Christ, doivent
être incessantes, si nous en jugeons par l'anecdote suivante, que nous avons trouvée rapportée dans le *Rosier
de Marie.*

Un soldat de la garde de Pie IX remerciait un jour le
Saint-Père de ce qu'en mettant un de ses bas il était
arrivé à se guérir de la goutte. « Je crois, mon fils, que
vous vous trompez, car si mes bas guérissaient de la
goutte, je ne l'aurais point si souvent. »

Quelquefois les pontifes se trouvent en passe de rationalisme !! Pourquoi n'en serait-il pas ainsi, puisque nous voyons, tant l'âme humaine renferme des profondeurs inexplicables, les plus grands philosophes en passe de superstition !

A côté des jeûneurs et des jeûneuses, nous ne pouvons nous empêcher de citer les fakirs de l'Inde, qui se font ensevelir tout vivants dans une tombe d'où l'on ne vient les tirer qu'après un séjour de quelques mois.

Nous avions formé le dessein de consacrer un chapitre entier à cet escamotage particulier aux peuples de l'Orient. Mais, malgré nos efforts, nous avons été hors d'état de nous procurer un récit qui valût la peine d'être discuté. Nous sommes arrivé, malgré nous, à la conviction que cette grande expérience dont on a fait tant de bruit n'a pas dû être exécutée une seule fois !

Cependant il est bon de noter que l'escamotage d'un homme n'est point une opération embarrassante à l'aide de la pièce qui sert aux décapités parlants. En effet, on sait que le corps de ces décapités est logé dans le pied de la table au-dessus de laquelle leur tête apparaît. Ce pied est revêtu de glaces qui réfléchissent les objets extérieurs, de sorte que les spectateurs croient voir par transparence les choses qui sont placées par derrière.

Il résulte de cette disposition fort ingénieuse et fort simple, que les personnages escamotés peuvent aisément disparaître de dessus la table en passant par un conduit souterrain communiquant avec le pied. Généralement l'homme escamoté se place sous un cornet, ou dans un panier à fond mobile, que l'on place sur la table ainsi disposée. Mais ce tour est susceptible de recevoir bien d'autres formes, selon la manière dont la lumière est disposée dans les lieux où il est pratiqué.

Les escamoteurs en font un usage constant. Certainement, s'il tombait en désuétude sur les champs de foire, il ne tarderait point à être recueilli par des charlatans sacriléges et sacrés.

CHAPITRE XVII.

Beaucoup de croyants sceptiques, sans le comprendre eux-mêmes, trouvaient sans doute déjà, au XIIe siècle, que l'histoire de la Passion était bien vieille. Le besoin d'un nouveau Christ se faisait généralement sentir dans le monde des moines éperdus, fuyant l'idée de la mort dans le fond des cloîtres. Ce nouveau Christ vint en effet, pour rappeler le monde dans les voies du salut miraculeux. Il se nomma saint François d'Assise. Son histoire fut le *Liber conformitatum*, rédigé par le Père Albigi, à la fois saint Marc et saint Jean, qui écrivit un monument de la sottise humaine. Le chroniqueur gâteux se mit à la torture pour démontrer de quarante manières différentes que saint François d'Assise est en réalité Jésus de Nazareth. Ne soyez plus jaloux des jésuites, dévots de saint François! La conception de François est annoncée à sa mère par un ange, comme celle de Jésus de Nazareth; saint François d'Assise naît dans une étable, comme son doux modèle.

Comme Jésus, François est tenté par le démon, mais sa tentation ressemble plutôt à celle de saint Antoine.

Comme Jésus, François est trahi par un de ces vils traîtres de bas étage, plutôt singe de Judas que Judas lui-même.

Comme Jésus, François d'Assise devine quel sera le scélérat qui sera l'instrument de sa ruine; il désigne également à l'avance, dans une parodie de la Cène, à ses douze apôtres ridicules, le futur Judas.

Comme Jésus, le patriarche franciscain est enveloppé de lumière divine, à ce que dit le Missel romain. Peut-être recevait-il la lumière d'une lanterne? Qui sait s'il ne s'était pas barbouillé d'urine putréfiée!

Comme Jésus enfin, et ceci est le triomphe de ce Christ postiche, François d'Assise est crucifié, mais ce crucifiement du nouveau Fils de l'homme n'eut pas lieu avec des clous; on ne vit que les plaies faites par des clous mystiques, qu'un séraphin avait enfoncés dans la chair du plagiaire de Jésus!

Ces plaies, qui n'étaient que hideuses, mirent en émoi tout le monde chrétien, alors en rut de superstition! Les fous atteints de dévotion épileptique se livrèrent à des actes d'exaltation sauvage; Vichnou reviendrait sur le bord du Gange qu'il ne ferait pas faire plus de folies.

Dire qu'il suffisait, ô abîmes incompréhensibles de la folie humaine, d'un peu de nitrate d'argent que les charlatans de nos jours trouvent chez les pharmaciens, de quelques herbes urticantes, de quelque suc astringent pour exécuter ces miracles qui confondaient les plus sages, effrayaient les plus vaillants!

Des hommes de génie ont accepté ces fraudes avec une crédulité singulière, dont les plus grands esprits offrent souvent des exemples désespérants. Dante, dans son *Pa-*

radis, donne une place d'honneur à saint François. C'est, suivant la légende, dans un froc de franciscain que l'amant sublime de Béatrice attendit la mort quand l'heure de la délivrance sonna pour lui.

On comprend ce supérieur des Cordeliers de Reims, qui eut l'audace de mettre au-dessus de la porte d'entrée de son couvent : *Deo homini et beato Francisco, utrique crucifixo.* A Dieu homme et au bienheureux François, tous les deux crucifiés ! Mais que dire des auteurs contemporains, qui, prétendant s'affranchir des superstitions vulgaires et employer une certaine dose de raison dans l'appréciation de ces chimères, vont chercher dans la réaction du physique sur le moral, l'explication de ces fourberies !

Pourquoi donc aller si loin quand tout sue la fraude et le mensonge dans ces récits stupides. C'est seulement la plus crasse ignorance et le plus piètre aveuglement qui peuvent suspendre notre jugement, ou arrêter notre trop légitime indignation. Moins coupables mille fois sont les pauvres diables, simulant des plaies hideuses pour exciter notre pitié !

Une fraude si facile à exécuter et à concevoir était certainement trop tentante pour que le fondateur des Franciscains en conservât longtemps le monopole. Il fut d'abord imité par des moines de l'ordre crasseux qu'il avait imaginé. La tradition des fraudes sacriléges de saint François avait dû facilement s'y conserver.

Les dévots de nos jours connaissent encore les noms de ses disciples en fourberie, les capucins Benoît de Reggio,

Charles de Sanzia, Nicolas de Ravenne, etc., etc. Les Dominicains, rivaux des Franciscains, finirent par comprendre qu'ils n'avaient qu'un moyen de lutter contre leurs ennemis, c'était d'avoir aussi leurs stigmatisées.... On vit alors apparaître cette grande comédienne, que le bréviaire romain considère, je crois, comme une sainte de premier rang, sous le nom de Catherine de Sienne. Cette béate escamoteuse ne se contente pas d'imiter François d'Assise, elle porte au front une couronne de pustules violacées, destinées à représenter la couronne d'épines de Jésus. Peut-être était-elle plus analogue à celle que les médecins nomment couronne de Vénus, me disait dernièrement un membre de la Faculté. Je n'irai pas jusque-là.

Un hagiographe contemporain n'évalue pas à moins de soixante et dix le nombre des personnages qui ont reçu le don sacré de la stigmatisation ! Généralement ce sont des femmes qui se livrent à ces fraudes hideuses. Cependant elles sont souvent si peu décentes que je suis loin d'être à mon aise en les décrivant. Archangela Tardera, Catherine Ricci, sainte Lutgarge, Stephana Quintiani se vantaient effrontément d'avoir reçu les stigmates de la flagellation, imprimées sur la partie la plus charnue de leur sainte personne. De combien de dispenses avaient dû se munir les confesseurs, pour explorer ces muscles sacrés, sans éprouver de charnelles tentations ! L'histoire ecclésiastique a tenu soigneusement registre de ces révoltantes sornettes. Les moindres filles qui se sont rendues coupables de ces supercheries grossières ont été érigées

en vierges héroïques, ayant atteint le *nec plus ultrà*
de la vertu religieuse. Quand elles ont réussi, on en
fait pour le moins des Vénérables ; celles qui échouent,
comme on le verra par la suite de cette histoire, ne sont
pas maltraitées. Dans les temps où l'on brûlait encore,
ce n'est point elles, mais les confesseurs qui coururent
le danger de passer au feu.

C'est, comme nous l'avons raconté, ce qui arriva au
curé Godfredi. Le pauvre diable fut brûlé à Marseille
comme coupable de maléfices et de sortiléges sur la
personne d'une jeune fille de qualité et des Ursulines
de la Sainte-Baume. Faibles imitatrices des vertus de
Marie-Madeleine, ces filles avaient négligé les dévotions de la grotte enchantée ; c'était à copier les fautes
de la sainte qu'elles s'étaient surtout attachées !

Le Père Gérard, de la Compagnie de Jésus, faillit
avoir le même sort il y a un peu moins de cent cinquante
ans, parce qu'il avait engrossé une de ses pénitentes, la
demoiselle Cadière, native de Toulon, qui se prétendait
stigmatisée. Le malheureux confesseur, qui eût été de nos
jours poursuivi comme complice d'un avortement, n'é-
chappa au bûcher qu'à la faveur d'une voix ! Il s'en alla
mourir peut-être de désespoir d'avoir perdu sa belle maîtresse, ou sûrement de dépit des brocards qu'on lui déco-
cha. Car il fut constaté que le pieux Tartuffe s'enfermait à
clef avec sa pénitente, pour vérifier les stigmates qu'elle
avait sur le corps, et s'assurer si la côte qui répondait au
cœur n'avait pas réellement été soulevée par la force de
l'amour divin.

Rousseau, Voltaire et la Révolution n'ont point détruit ces stigmatisées, qui pullulent en notre siècle incrédule plus que du temps de Louis XV. La vénérable Anne-Catherine Emmerich, qui faisait baiser par les dévotes ses mains suintant le sang et ses pieds accommodés de la même manière, exerçait son petit métier avant 1830. Elle mourut en odeur de sainteté, malgré les philosophes, impuissants à démasquer la friponnerie. Car on les aurait, en ces temps d'intolérance, poursuivis comme coupables d'attaque à la religion, s'ils avaient osé rire de ces plates niaiseries. L'*Ami du Roi et de la Religion*, la *Quotidienne*, etc., etc., tous les prédécesseurs de Veuillot purent se pâmer d'aise en dévoilant à leurs lecteurs les merveilles de ses révélations. Catherine racontait avec une infinité de détails inconnus des historiens la passion de Notre-Seigneur Jésus-Christ, qui se renouvelait pour elle en qualité de stigmatisée. Les stigmatisées du Tyrol, qui parurent après 1830, ne furent pas moins heureuses. Marie de Mœrl, la comédienne extatique de Kultern, reçut ses deux cents ducats de rente, pour quelques plaies rosées et humides qui se montraient sur ses pieds et sur ses mains. Sa collègue, Marie-Dominica Lazzari, épargnant moins un corps plus robuste, faisait couler à flots son sang, qu'elle gardait précieusement caillé sur la figure. Ses plaies étaient plus profondes, plus larges, plus dégoûtantes. L'une prenait des poses angéliques; l'autre se prétendait agitée de convulsions démoniaques. Les deux saintes comédiennes échappèrent à la police, qui n'osa examiner de trop près ces prodiges; ceux qui étaient suspects à l'empereur d'Autriche et à ses nobles ministres, étaient ceux qui riaient de ces deux saintes stigmatisées.

Une stigmatisée qui eut une vie moins béate, fut la célèbre Rose Tamisier, vierge de Vaucluse, dont nous avons parlé dans un chapitre précédent. La pauvre fille portait sur son corps les stigmates de la passion de Notre-Seigneur Jésus-Christ, et dans l'église du village, un christ avait jeté du sang sorti de son flanc par un miracle dont nous nous occuperons plus bas.

Là ne se bornaient point les merveilles dont cette fille prédestinée fut l'objet; non-seulement Rose communia miraculeusement en recevant une hostie qui s'envola sur sa langue, comme nous l'avons déjà vu, mais encore elle sema dans le jardin du presbytère un chou qui prit des proportions colossales en quelques jours. Enfin, ce qui dépasse tout ce que l'on peut imaginer, les culottes de M. le curé, qui avaient besoin de réparation, furent raccommodées par les anges; grâce à l'intercession de la sainte, ils vinrent la nuit y travailler secrètement!!

Ne fallait-il pas supposer qu'une telle fille serait soustraite aux attaques de l'envie! Qui aurait pu croire qu'il se trouverait des monstres assez endurcis pour la poursuivre en police correctionnelle, pour faire asseoir cette vierge sur le banc des voleurs et des prostituées!

Le tribunal correctionnel de Vaucluse, qui était composé d'hommes sages et prudents, renvoya la vierge des fins de la plainte. Mais le procureur de la République montra un acharnement digne du temps des persécutions.

Cet homme ou plutôt ce monstre insatiable fit appel à *minima*, et la pieuse Rose traîna ses stigmates dans les prisons d'Aix. Elle comparut devant la cour d'appel qui, sans s'arrêter aux nombreux témoignages, au maintien modeste, calme, simple, réservé de la vierge, à la candeur de ses réponses, infirma la sentence du tribunal de Vaucluse et condamna l'inculpée à six mois de prison!!!

Heureusement, quelques jours plus tard, un grand prince sauva la société, Rose Tamisier obtint la grâce qu'elle avait si bien méritée ; on ne fit aucune poursuite contre les témoins qui l'avaient soutenue dans ses épreuves, et qui tous restèrent la tête haute au pays.

Le compte-rendu du procès de cette stigmatisée offre de singulières et instructives lacunes. La *Gazette des Tribunaux* avait commencé par donner avec le plus grand détail le compte-rendu des audiences, qui fut brusquement interrompu. Il semble que de puissantes influences soient intervenues pour faire cesser le scandale dont, sans le coup d'État, les incrédules auraient singulièrement profité.

Rose Tamisier est-elle la dernière des stigmatisées françaises? Nous n'oserions l'affirmer, tant l'industrie doit être excellente en temps conciliaire. Elle eut l'honneur d'être défendue par un Normand miraculeux lui-même, qui opérait des prodiges en pleine Normandie, malgré le proverbe : Nul n'est prophète dans son pays. Si nous ne nous trompons, ce personnage était natif de Coutances et compatriote de Salomon de Caus, avec lequel il aimait à se comparer, car il avait découvert la rédemp-

tion par le sang , ce qui est à la dévotion ordinaire ce
que la vapeur est à la force des chevaux ! ! Ce rusé compère et un de ses vicaires écrivirent des lettres en faveur
de Rose Tamisier ; les curieux pourront trouver cet in-
croyable factum dans un journal publié à Montrouge , à
l'établissement Migne, et qui se nommait la *Vérité*.
Le zélé défenseur de Rose Tamisier, malgré le miracle
de la rédemption par le sang , et malgré le coup d'Etat,
dut se dérober peu après aux poursuites de la justice.
Il se retira, m'a-t-on dit, à Londres, où il vit encore en
ce moment.

Peut-être Rose Tamisier aurait-elle pu échapper à
l'humiliation temporaire qu'elle dut accepter comme une
épreuve d'en haut.

Mais ce qui la perdit sans doute aux yeux des juges de
la cour d'Aix, ce fut le souvenir des aventures de la
sœur Patrocinio, autre stigmatisée prétendue, que les
magistrats espagnols eux-mêmes venaient de convaincre
d'imposture et de supercherie. En effet, le fiscal ayant eu
avis des étonnants miracles qu'opérait cette femme,
la mit, sans égard pour sa robe, en prison dans un hôpital, où des médecins impitoyables la firent surveiller. On
ne tarda pas à cicatriser les plaies qu'elle déclarait faites
par son divin époux ; une fois guérie avec quelques cata-
plasmes, elle fut obligée d'avouer prosaïquement sa supercherie ; elle déclara au procureur qu'elle se rafraîchis-
sait périodiquement ses plaies en les frottant d'une
pierre que son confesseur lui avait donnée, avec défense,
sur son salut éternel, de révéler le fait, même en con-

fession ! Comme cette pierre se nomme infernale dans toutes les officines, il faut avouer que le saint homme avait choisi un singulier instrument de canonisation.

Ce n'est pas tout d'avoir des stigmates, il faut encore qu'on les ait à temps. Quand la Patrocinio montra les siens, les libéraux avaient le dessus, grâce à ce duc de la Victoire, qu'on eût dû nommer prince de l'Enfer, et qui s'appelle Espartero.

Loin d'être canonisée, la Patrocinio fut renvoyée dans un couvent, pour y rester prisonnière; cependant la reine Isabelle l'en tira et l'attacha à sa personne, en qualité de conseillère intime. Les avis de cette nonne et sa présence à la cour ne furent pas sans influence sur le triste sort de la monarchie. Isabelle garda Patrocinio avec elle, et ne s'en sépara qu'après avoir mis le pied sur le territoire français. Il en résulte que la chute de la monarchie de Charles-Quint et de Philippe 1er est un des derniers miracles que l'on peut attribuer aux stigmatisées.

Nous ne savons ce que devint la Tamisier, mais nous nous sommes laissé dire qu'on avait vu la Patrocinio changée en marchande de tabac du côté de Montmorency. Depuis elle aurait disparu, de sorte que ce n'est point derrière ce comptoir qu'elle aurait accompli la dernière de ses transformations.

BUZON
DE LA
VIRGEN

CHAPITRE XVIII

Julius Obsequens raconte qu'en l'an 750 de Rome, la statue de Junon Sospita, que l'on adorait dans le temple de Lanuvium, versa des larmes au milieu d'une cérémonie publique. Ce temple fameux appartenait en même temps au municipe de Lanuvium et au peuple romain, à la suite d'un prodige qui frappa de stupeur tous les contemporains.

Cent ans auparavant, Lanuvium avait été le théâtre d'un phénomène naturel très-étrange, mais très-facilement explicable de notre temps, grâce aux progrès de tout genre que la physique de l'atmosphère a faits depuis une cinquantaine d'années. On avait vu le soleil enveloppé de deux cercles, de ces cercles colorés mais lumineux, connus par les savants de nos jours sous le nom de *halos*. C'en était bien assez dans ce temps pour que les marchands de miracles fissent de Lanuvium un de leurs centres d'opération.

Nous aurions mauvaise grâce à leur reprocher d'avoir cherché à tirer parti de cette circonstance extraordinaire surtout à une époque où les lois de la décomposition prismatique de la lumière n'étaient point connues. Car de nos jours, on est arrivé à exécuter des fraudes identiques à celles qui avaient réussi en l'an de

Rome 750, et cela dans des villes qui n'avaient même point vu les cercles parhéliques de Lanuvium. Les charlatans ultramontains n'ont certainement point réussi à tromper l'opinion des savants; mais les savants, craignant l'hostilité des charlatans, des compères et des dupes, n'ont fait aucun effort pour éventer ces ignobles subterfuges.

Lorsque le pape Pie IX revint à Rome, la Vierge qu'on adore à Rimini s'avisa de pleurer, comme cette pauvre Junon Sospita. La vierge, nous allions presque dire la déesse, s'apitoyait sur les malheurs de l'Eglise, si durement éprouvée par Mazzini et par Garibaldi : c'était la douleur de voir l'Eglise perdre son domaine temporel, qui arrachait, disaient les imposteurs, ces larmes à la maîtresse des mondes. Cependant, circonstance étrange que les marchands de miracles expliqueront difficilement, cette vierge si sensible cessa de pleurer dès qu'elle fut tombée elle-même entre les mains des Italiens après la défaite de Castelfidardo. Elle s'était subitement consolée, à la grande surprise des feuilles religieuses, qui ont eu le bon esprit de ne pas lui reprocher d'être devenue garibaldienne ou pour le moins favorable au royaume italien.

Les Romains semblent avoir été meilleurs escamoteurs que les charlatans contemporains, car du temps des Césars, les déesses pleuraient infiniment plus longtemps que les vierges du XIX⁰ siècle. Ainsi, l'on vit une statue de Diane que l'on adorait à Rome du temps des Gracques, verser des larmes pendant quatre jours entiers. Comme cette statue était venue de Grèce, les devins déclarèrent qu'elle gémissait sur le malheureux sort de sa patrie, et que le peuple-roi n'avait rien à craindre ni pour son repos ni pour son honneur. On ajoutait cependant qu'il ne fallait jamais négliger de s'occuper des pleurs des immortels et qu'il ne serait point d'une mauvaise politique d'offrir quelques victimes à cette fille de l'Olympe, qui semblait avoir un si grand faible pour sa terrestre patrie.

On fit donc à Diane de magnifiques offrandes que ses prêtres reçurent en son nom, comme de raison. Le sort de la race grecque fut scellé par ces habiles sacrifices, les dieux grecs furent corrompus, car Julius Obsequens ajoute d'un air de triomphe que précisément quelques mois plus tard avait lieu la soumission de la Phrygie. L'année ne s'était point écoulée qu'Attale léguait par testament la province d'Asie aux Romains. La statue avait donc sué des provinces au profit des patriciens. Quelquefois même les marchands de miracles païens ne se bornaient point à faire sortir des larmes des yeux de leurs statues prodigieuses. Ils auraient pu les faire uriner, s'ils n'avaient cru de pareils prodiges indignes de la divinité. En effet, en l'an de Rome 661, on vit une statue d'Apollon se couvrir d'eau à l'aide d'un subterfuge facile à imaginer. Il suffisait, en effet, comme elle était d'airain et creuse, d'y mettre un peu de glace, afin qu'elle condensât la vapeur produite par la respiration des dévots. Cette statue miraculeuse était gardée dans la citadelle de Cumes, ville célèbre par sa sybille, parmi les marchands de miracles de l'antiquité.

Que de formes différentes ont pris ces miracles par voie humide si commodes, si faciles à exécuter! En l'an de Rome 652, on vit quatre chevaux dorés, qui étaient conservés sur le Forum, laisser échapper la sueur de leurs pieds. A peu près à la même époque, une statue équestre d'airain, placée sans doute dans un sanctuaire, vomit par la gueule un flot de liquide, ce qui jeta sur-le-champ tous les spectateurs dans un effroi facile à concevoir.

L'explication de tous ces tours d'escamotage et de bien d'autres du même genre ne suppose qu'une connaissance superficielle des lois élémentaires de l'hydraulique, science alors inconnue du vulgaire, mais dont les prêtres possédaient évidemment les principaux secrets. Tout cet étalage de merveilles, y compris la sueur des pieds des chevaux, se réalise sans avoir recours à d'autre auxiliaire qu'au principe des vases communiquants. Quel est, en effet, le pontife qui ignorait l'art de cacher un tube dans l'épaisseur d'un piédestal, et de le joindre à un petit réservoir situé dans la sacristie !

Les bonnes traditions païennes ne se sont point perdues de notre temps. Quoique ce subterfuge grossier semble indigne de notre siècle, il n'en a pas moins été employé récemment.

Pendant les derniers mois de la domination autrichienne à Venise, on eut à réparer un christ du Tintoret, qui se trouvait dans une église. On découvrit derrière la toile des canaux tout préparés aboutissant au presbytère ! Le curé n'avait qu'à tourner un robinet. Peut-être même, ô horreur ! un bedeau se bornait-il à presser de temps en temps une vessie.

M. Robin nous a indiqué un procédé plus simple, mais demandant le secours d'une physique un peu moins rudimentaire. Il suffit, en effet, de placer dans l'intérieur de la statue creusée à cet effet, une lampe sur laquelle on place un petit bouilleur. Quand on veut jouer le tour, on n'a plus qu'à allumer le feu. L'eau évaporée va se condenser dans la tête, et le fruit de la condensation aboutit aux yeux, si l'on a pris la précaution bien simple de creuser des canaux lacrymatoires qui soient convenablement disposés. Pour peu qu'on y mette d'adresse, on verra de saintes larmes humecter les paupières de la pièce, qu'elle se nomme Junon Sospita ou la Vierge Marie. On peut, en outre, par surcroît d'attention, mettre dans le voisinage de ces conduits des ampoules pleines d'eau, afin que la condensation soit complète et qu'aucune trace de vapeur ne s'échappe devant les croyants prosternés.

C'est une précaution que j'engagerai les marchands de miracles à ne jamais négliger, car si la grande masse criait au miracle, il pourrait se trouver dans le troupeau quelque voltairien égaré qui ne s'accommoderait point de ces pleurs brûlants, qui crierait *à la vapeur*, de sorte que tout le miracle serait éventé et que la gloire du saint s'en irait en fumée.

Quelquefois les prodiges recueillis par les historiens de

l'antiquité se compliquaient par l'apparition de gouttes de sang, comme on l'avait vu en l'an 613, dans le sanctuaire de Junon Sospita, à Lanuvium, où les prêtres étaient experts, puisque la déesse, ainsi que nous venons de le raconter, avait déjà pleuré. Une autre fois, ce furent les boucliers du temple de Mars que l'on trouva tachés de sang. Plus tard, en l'an 710, pendant un sacrifice fait sur le mont Albain, on vit encore du sang jaillir du pouce et de l'épaule d'une statue de Jupiter, qu'on y avait depuis longtemps érigée. Nos modernes thaumaturges ont également fait saigner leurs christs, machinés *ad hoc*, comme celui que brisa, dit-on, le célèbre pape Sixte-Quint, et où il trouva des canaux tout préparés pour conduire le liquide jusqu'aux plaies sacrées. Une petite éponge placée derrière la toile suffisait à Rose Tamisier pour faire suer du sang à une descente de croix. Ailleurs le même miracle fut produit par une sangsue dégorgeant derrière la toile où on l'avait placée.

Une illuminée montrait ses mains sanguinolentes. Vainement on lui avait mis des gants en peau de chamois et attachés plus solidement que les cordes des frères Davenport; les mains saignaient toujours. Un docteur examina les gants avec une forte loupe : on voyait très-aisément les petites piqûres faites pour laisser passer de très-fines aiguilles à l'aide desquelles l'illuminée se laissait fouiller très-philosophiquement la chair par quelque dévot opérateur.

Plutarque, dans sa *Vie de Coriolan*, cherche à montrer que ces phénomènes, même de plus compliqués, sont

— —

de nature à s'expliquer par des causes naturelles. Les
images des dieux ne peuvent-elles point attirer l'humi-
dité de l'air? On les a barbouillées avec la matière colo-
rante nécessaire pour teindre des gouttes de vapeur for-
tuitement condensée? Ne peut-il point se faire qu'un
temps humide, qu'une couleur peu stable suffisent pour
nous dispenser de monter jusqu'à l'Olympe pour avoir
raison de ces prodiges !

Combien d'auteurs contemporains mériteraient d'aller
prendre des leçons de physique dans le grand biographe
grec.

Le physicien Robin nous a raconté une autre anecdote qui prouvera que les marchands de miracles contemporains tiennent à faire servir les progrès de l'art
moderne à leurs escamotages sacriléges.

Pendant la dernière exposition universelle, il était à
Londres, où il obtint un très-grand succès avec ses belles
représentations d'escamotage. Un certain jour, un monsieur qu'on voyait, par son extérieur, appartenir au
clergé d'Irlande, vint frapper à sa porte. Il lui demandait de faire une pièce qui fût à même de verser des larmes à volonté, et il ajoutait qu'on paierait ce qu'il vou-
drait. M. Robin demanda le nom de son singulier client,
qui pour toute réponse gagna la porte et disparut. Si
vous savez où il a passé, ami lecteur, engagez-le à ne
point venir me trouver.

Les révérends pères jésuites de Santiago sont parvenus, au moyen de trucs et de ruses de ce genre, à persuader aux jeunes femmes et aux jeunes filles qu'il était

très avantageux pour elles de se mettre régulièrement en correspondance épistolaire avec la sainte Vierge. Les charlatans sacrés trouvaient toute espèce d'avantages à répandre cette stupide opinion. Ils firent donc sceller à la porte de leur église, il y a une vingtaine d'années, une boîte à lettres d'une espèce toute nouvelle. Elle était établie à l'usage des fidèles qui désiraient envoyer leurs correspondances dans le paradis.

Le soir et souvent à des heures avancées de la nuit, des jeunes femmes voilées venaient furtivement jeter dans ce réceptacle des lettres chargées de piastres pour frais de timbre; c'était seulement à la faveur des ténèbres qu'elles avaient le courage de glisser dans la boîte sacrée les missives parfumées, où elles avaient la naïveté d'exposer en toute confiance à la mère de Jésus les secrets les plus intimes de leur vie.

Bientôt, les maris, les fiancés ou simplement de jeunes indiscrets, instruits du mystère, se mirent à épier ou à suivre les belles ombres. Dès qu'elles avaient disparu, ces curieux plongeaient dans la boîte de fines baguettes enduites de glu, et par ce moyen parvenaient à la vider entièrement. Les pères jésuites eurent alors l'idée de placer leur poste dans l'intérieur de l'église, près de l'autel, pour la surveiller et la défendre, pour mieux empêcher que les secrets destinés à la Vierge ne fussent indignement violés !

Mais les abus, pour ne plus être imputables aux laïcs, n'en persistèrent pas moins ; ils se révélèrent à plusieurs reprises avec un éclat scandaleux ! On prétendit que les preuves écrites des faiblesses féminines devaient avoir un rapport intime avec l'accroissement des donations et des legs faits à l'Eglise, des prises de voile, etc., etc.

Dans le but d'apaiser ces clameurs, les charlatans sacrés introduisirent l'usage de choisir un moment solennel des offices pour ouvrir publiquement la boîte, en retirer les lettres et les brûler devant les fidèles sur un plat d'argent.

Mais cette pratique sacrilége ne réduisit point les réclamations au silence. On se demanda si la boîte aux lettres de la Vierge était respectée par les charlatans. Les murmures, les plaintes allaient en grandissant, lorsque l'effroyable incendie du 8 décembre 1863, allumé pendant une fête, détruisit l'église, la boîte et malheureusement des centaines de femmes qui périrent affreusement brûlées. L'indignation publique fut si grande que les révérends pères, qui s'étaient sauvés les premiers, furent ignominieusement chassés du Chili. Comme ils ont sans doute été opérer ailleurs, il est bon qu'on répande le bruit de l'aventure, afin qu'il ne leur prenne point fantaisie de recommencer.

Ce triste chapitre ne serait point complet si nous ne couronnions point l'édifice en disant quelques mots de la bouteille inépuisable. Les principes physiques de sa construction sont bien connus. Cependant, cette pièce ne manque jamais de produire grand effet dans toutes les représentations où on la fait figurer.

Elle se compose essentiellement de cinq compartiments, qui, tous cinq, communiquent avec le goulot par un orifice capillaire. Il en résulte que l'écoulement ne peut avoir lieu tant que les compartiments ne sont point mis en communication avec l'air extérieur. Ceci se fait à l'aide de cinq orifices qui ont été disposés sur le périmètre de la bouteille, mais que l'opérateur a soin de boucher avec ses doigts, sans avoir l'air de rien.

Comme on le comprend, l'opérateur n'a qu'à lever le doigt qui lui convient pour tirer de sa bouteille du vin rouge, du vin blanc, de l'anisette ou de la chartreuse.

Avec une pièce préparée d'après ces principes, on tirerait à volonté du flanc d'un christ, soit du sang, soit de l'eau. C'est ce qui a dû se pratiquer au moyen-âge ou dans l'antiquité. On peut dire que c'est dans les temples que la bouteille inépuisable a dû se vider pour la première fois.

CHAPITRE XIX.

LES VIERGES QUI REMUENT LES YEUX.

Un truc excessivement curieux a été imaginé par d'habiles physiciens, qui se sont mis platement au service de ces basses et viles superstitions. Il y avait vers 1850 à Subiaco, dans les Etats de l'Eglise, une Vierge dont on voyait les yeux remuer lorsqu'on la regardait avec quelque attention.

Ce truc produit d'autant plus d'effet qu'il n'exige l'emploi d'aucun mécanisme, mais la découverte d'une combinaison, ma foi très-habile, fondée sur une étude profonde des lois de la vision.

Quoique plusieurs récents traités d'optique aient beaucoup contribué à populariser la connaissance des innombrables illusions dont l'œil peut être victime, il est à craindre qu'un certain nombre de lecteurs s'imaginent que nous allons trop loin, lorsque nous prétendons qu'il suffit dans certains cas de laisser marcher l'imagination des dupes, pour les faire assister à des scènes véritablement miraculeuses.

Si nos lecteurs veulent bien se convaincre qu'il n'est pas toujours nécessaire de tirer la ficelle pour que les vierges remuent les yeux, nous les prions de regarder avec attention le cube que nous avons représenté ici.

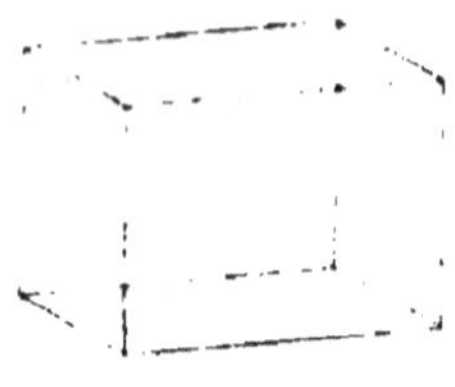

Cube changeant.

Nous sommes persuadé qu'ils verront ce cube, tantôt en relief, tantôt en creux, suivant le désir qu'ils en auront. Avec un peu d'exercice, cette illusion se produira pour ainsi dire à volonté. Le mouvement que l'on imprime, en quelque sorte par la pensée, à l'axe de ce cube changeant est bien plus grand que celui qui est nécessaire pour qu'une Vierge renfermée dans une chapelle paraisse cligner de l'œil.

Ici, l'illusion ne repose que sur les lois mathématiques de la vision. Mais dans le fond d'une chapelle tout vient au secours du charlatan sacrilége. La couleur de la statue, le relief, l'éclat de certains points brillants, la valeur des ombres portées et leur forme, tout peut contribuer à rendre le résultat plus éclatant! Il n'est pas jusqu'au respect que le lieu inspire, sur lequel l'architecte qui a combiné le trompe-l'œil a eu le droit de compter.

Sans entrer dans des détails anatomiques, qui nous entraîneraient trop loin de notre sujet, nous ne pouvons nous empêcher de faire remarquer que la rétine est loin d'être douée d'une sensibilité homogène dans toutes ses parties, comme le croient communément ceux qui rient de saint Thomas, le grand saint clairvoyant qui ne s'est pas contenté de voir, mais qui voulait encore toucher.

Ce fait est susceptible d'être établi d'une façon bien simple et bien nette pour lés personnes les plus étrangères aux expérien- ces de physique.

Qu'on ferme l'œil gau- che et qu'on fixe avec l'œil droit la croix blanche de la figure ci-contre, ensuite qu'on éloigne à un pied environ le livre tenu verticalement. On trouvera qu'il existe une certaine position où le cer- cle blanc disparait com- plétement et où le fond noir paraît continu. Pour que l'expérience réussisse, il faut avoir bien soin de

Figure destinée à mettre en évidence le défaut d'homogénéité de la rétine.

maintenir le regard fixé sur la croix blanche qu'on voit à trois pouces au-dessous du rond. Si l'on met le livre en deçà ou en delà de la position où l'expérience a réussi, on voit reparaître le cercle blanc qui se dessine nettement par la vision indirecte (1).

On peut même tracer les limites de l'espace que cache ce point aveugle de la rétine, et par conséquent déterminer sa forme. Cette opération s'exécute sur un papier blanc, tenu à la distance de dix à douze pouces de l'œil. Le périmètre cherché est indiqué par la succession des positions qu'occupe le bout d'une plume que l'on promène

Figure destinée à mettre en évidence l'influence de l'irradiation
sur la forme des objets.

dans toutes les situations où elle cesse d'être aperçue.

Si le lecteur doute encore de la peine que l'œil fatigué par la *fixation pieuse* peut avoir à juger de la forme de certains objets, nous l'engageons à regarder fixement la figure ci-dessus.

(1) *Optique physiologique*. d'Helmholtz, traduite par Emile Javal. Paris, Victor Masson, 1867.

Il verra que la bande du milieu, dont la largeur est partout la même, finira par ressembler à une sorte de massue. La partie située entre les deux surfaces noires acquiert des dimensions transversales plus grandes, tandis que la partie qui est placée entre les bandes étroites diminue de largeur.

L'œil n'est même point apte à juger intelligemment de la dimension respective des objets voisins, du moins dans des circonstances que les thaumaturges savent produire à volonté. En effet, il se trouve dans des cas beaucoup plus simples incapable de se garantir des erreurs produites par l'irradiation.

Figure destinée à mettre en évidence l'influence de l'irradiation sur la dimension apparente des objets.

Ainsi, quoique les deux carrés de la figure ci-dessus soient rigoureusement égaux, le carré blanc paraît sensiblement plus grand que le carré noir.

Enfin, pour terminer cette petite série d'expériences,

12

nous engagerons nos lecteurs à regarder pendant quelque
temps le disque papillotant que nous plaçons ci-dessous.

Disque papillotant.

Quoiqu'il soit destiné à produire tout son effet lorsqu'il est mis en mouvement, cependant on sentira rapidement une grande fatigue en le regardant, on éprouvera
de la difficulté à juger de la situation exacte des raies,
de leur parallélisme. La teinte du sillon blanc cessera
bientôt d'être homogène ; alors apparaîtront des taches
d'un brun assez décidé. Enfin l'on verra dans certains cas
ces secteurs un peu obscurs changer de place assez brusquement.

La figure que nous donnons ici, grâce à l'obligeance
de M. Javal, est susceptible d'être variée de plusieurs

manières. On trouve à la librairie Victor Masson plusieurs planches du même genre , mais plus compliquées, dont les oculistes peuvent se servir pour étudier l'état pathologique des yeux. L'épreuve consiste invariablement à voir la forme que prennent ces figures quand on les a contemplées pendant un certain temps.

Un homme dont l'esprit est sain , voit quelquefois surgir une foule d'images subjectives dont l'apparition est liée à une multitude d'états morbides, soit de l'œil, soit du corps entier.

Tantôt éphémères , ces apparitions sont répandues dans tout le champ visuel, tantôt elles sont limitées. Dans ce dernier cas, elles prennent la forme, soit de taches irrégulières , soit de fantômes qui imitent l'aspect de l'homme et des animaux. Les causes mécaniques , telles que l'augmentation de pression , soit du sang dans les vaisseaux , soit des humeurs de l'œil, suffisent pour provoquer ces perversions de la vue, qui ne sont pas les seules dont les organes de la vision puissent être la cause immédiate et prochaine.

La rétine peut encore être l'objet d'excitations chimiques , dues à un changement de composition du sang , et ce cas se présente notamment lors de l'empoisonnement par des narcotiques. L'excitation de la rétine peut également être le résultat de l'excitation d'autres nerfs sensitifs, en vertu de cette grande loi mystérieuse qui se nomme la sympathie , et qui fait, par exemple , que l'audition de sons très-aigus donne froid dans le dos, ou que la vue de grands champs neigeux fortement éclairés donne à beaucoup de personnes une titillation dans le nez. De semblables sensations sympathiques paraissent se produire dans l'appareil visuel comme conséquence de l'excitation des nerfs de l'intestin infecté de vers parasites ou obstrué par des accumulations de matières fécales. Le fantôme qui tourmente ce visionnaire ne vient ni du ciel ni de l'enfer. Il n'est point appelé par la baguette de quelque sorcier ; pour le faire disparaître, il n'est pas besoin d'aller chercher l'exorciste. Il suffit, tremblez, dévots... Il suffit d'un lavement.

Des images de ce genre ont été aperçues à plusieurs reprises par des gens qui avaient conscience de la nature subjective des fantômes. Quelques-uns, comme Gœthe et Muller, pouvaient même évoquer à toute heure des apparitions pareilles, en regardant longtemps le champ visuel obscur avec les yeux fermés.

Nous regrettons de ne pouvoir résumer en entier le savant et profond traité que le grand naturaliste a publié sur les *Hallucinations de la vue*, admirable sujet d'études qu'il poursuivait avec une inflexible persévérance pendant les cruelles insomnies auxquelles il était sujet.

A quelles illusions n'est pas exposé le néophyte en proie aux terreurs de la superstition quand, l'estomac creux, il reste longtemps prosterné. Quels fantômes ne doivent point l'assiéger quand le froid du cloître a figé son sang ; quelles visions doivent se dérouler devant sa prunelle éclairée par une lampe fumeuse brûlant devant une madone revêtue d'une parure éclatante ! Que ne peuvent les stimulations des sens surexcités par le vœu de chasteté !!

Des hallucinations non moins dangereuses assiégent le dévot au milieu des fêtes, lorsque l'oreille est charmée par les accords d'une musique savante, lorsque tous, hommes, femmes et enfants se prosternent à terre au milieu de nuages d'encens, dociles à la voix de l'airain ! Les rayons du soleil eux-mêmes ne sont-ils point coupables de la folie qui s'empare de la pauvre cervelle du dévot ! Pourquoi traversent-ils des vitraux revêtus de couleurs bizarres, ne savent-ils point que les teintes colorées dont ils se chargent donnent lieu à une multitude de contrastes. C'est leur faute si tant d'ombres fantastiques paraissent derrière le confessionnal et se montrent sur le seuil de la sacristie.

12*

CHAPITRE XX.

Lorsque Pie VII mourut, le pape Léon XII, moine fanatique, fut élevé au pontificat non sans quelque difficulté. Mais le sacré-collége n'avait pas maladroitement choisi au gré des dévots. Un des premiers actes du nouveau pape, après son exaltation, fut de décréter un jubilé, cérémonie qu'on n'avait pas vue depuis cinquante ans, pendant toute la période révolutionnaire, où le vaisseau de l'Eglise avait tant de fois manqué sombrer. Le zèle du pape se communiqua au roi de France, qui, après une jeunesse évaporée et les traverses de l'exil, était tombé dans la dévotion la plus exaltée.

C'est au milieu de cette pieuse effervescence que l'on apprit qu'une croix lumineuse venait de se montrer dans le ciel, à la fin d'un pèlerinage en l'honneur de la mission. Mais la croix avait eu le bon esprit d'apparaitre entre chien et loup, c'est-à-dire au moment où le soleil commence à descendre au-dessous de l'horizon.

Comme on savait que les révérends pères, dont la doctrine est que la fin justifie les moyens, avaient peu de répugnance à employer les tours d'escamotage les plus grossiers, on s'écria de toutes parts qu'un tour de passe-passe avait été pratiqué. En effet, les moyens d'induire le public en erreur ne manquaient point. Vers six heures du soir, un des jours les plus courts de l'année, il est clair qu'on aurait pu faire enlever un cerf volant en forme de croix, sans que personne aperçût la ficelle. Il eût été encore plus simple, certainement, d'employer une croix en baudruche remplie de gaz hydrogène pur, gaz que l'on savait alors très-bien préparer. Le célèbre aéronaute Robertson a indiqué une solution qui est incontestablement de nature à avoir été employée pendant une cérémonie où les instincts superstitieux de la foule se trouvaient incontestablement surexcités.

Le savant et intrépide physicien prétend que les prêtres de l'antiquité avaient trouvé le moyen d'envoyer un faisceau de lumière sur la fumée des sacrifices et d'y peindre une silhouette représentant le dieu que l'on adorait dans le temple. Les imposteurs sacrés parvenaient facilement de la sorte à persuader à leurs dupes que la divinité venait respirer l'odeur des viandes qui figuraient sur la table sacerdotale dressée dans la sacristie, quand les prêtres avaient brûlé sur l'autel quelques rogatons dont ils ne voulaient pas pour leurs chiens.

Pour prouver que ce truc pouvait réussir, Robertson lançait un rayon de lumière sur la fumée de l'encens qu'il brûlait au milieu de son salon fantasmagorique de Tivoli. L'apparition d'une figure humaine que l'on aurait pu dire divine, ne manquait jamais son effet, et plongeait toujours les spectateurs dans un invincible effroi !

Les bons pères de la mission de Migné, qui connaissaient les merveilles de la lanterne magique, n'auraient

— 217 —

donc été que des plagiaires de l'aéronaute, répétant devant des paysans abrutis une expérience avec laquelle l'impie Robertson avait fait courir vingt ans plus tôt l'élite de la société parisienne dans ses salons de Tivoli.

Loin de nous la pensée de nous porter garant de la loyauté des bons pères ; mais nous ne croyons point que l'explication de notre prédécesseur Robertson soit la plus naturelle, ou au moins la seule à laquelle nous devions nous arrêter !

En effet, il est clair que l'apparition de la croix de Migné a pu être produite naturellement par un phénomène d'optique très-simple, analogue aux *fata morgana* de Reggio, aux mirages du Pas-de-Calais et même aux phénomènes de suspension aérienne, qui ont été bien des fois observés dans les rues de Paris (1). Que de villes fantastiques ne se sont pas montrées dans les nuages, que d'armées s'y sont livré des batailles acharnées sans que les gens raisonnables aient crié au miracle !

Les dernières découvertes de M. Glaisher montrent que des phénomènes de cette espèce doivent être très-communs. En effet, le savant directeur de l'observatoire météorologique de Greenwich a démontré que la température des régions supérieures est souvent plus élevée

(1) Voir les tables décennales des *Comptes-rendus de l'académie des sciences;* on y trouvera l'indication de plusieurs phénomènes de même nature. Dans le volume des *Voyages aériens,* publié par la maison Hachette, on trouve la gravure d'un nuage aérien de cette espèce, observé par MM. Durnof et Tissandier, dans une ascension en ballon exécutée au-dessus de Calais.

que celle de l'air plus voisin du sol. Deux causes puissantes, la diminution régulière de la pression, et la
diminution anormale de la quantité de chaleur, conspi-
rent donc, dans de pareilles circonstances, pour atténuer
rapidement le pouvoir réfringent de la couche supérieure
à celle que nous respirons. Sous cette double influence,
le changement de pouvoir réfringent peut devenir assez
brusque pour que la partie inférieure de l'atmosphère
soit assimilable optiquement parlant à une couche de
verre. Si l'on est convenablement placé, on peut apercevoir indirectement par réflection des objets éloignés,
toutes les fois qu'il n'y a pas de nuages et que rien par
conséquent n'altère la parfaite horizontalité de la zone
où le pouvoir réfringent éprouve une brusque diminution. On produit très facilement le même effet à l'aide
d'une goutte d'huile qui nage à la surface d'un tube
rempli d'eau et sur la surface inférieure de laquelle
on peut apercevoir une figure brillante placée au-dessous de la ligne de séparation.

Je suis parvenu à produire très simplement un phénomène analogue, sans avoir besoin de la goutte d'huile;
car la réflection totale a lieu d'une façon très-apparente
sur la surface qui sépare l'air et l'eau (1).

En regardant à travers et obliquement un peu au-
dessous du niveau de l'eau, on voit facilement l'image
renversée d'un objet quelconque que l'on tient par

(1) Il est inutile d'avertir le lecteur que l'eau représente ici l'air
des régions inférieures.

derrière. Si l'on colle sur le verre, dans le voisinage de la surface, toujours un peu au-dessous, un morceau de papier imprimé, on le verra double, et l'image extraordinaire sera placée un peu au-dessus de l'objet.

Tout porte donc à croire, n'était la fourberie bien connue des révérends pères, que la croix de Migné a pu être un mirage de cette espèce. Le miracle s'explique bien plus facilement par l'intervention de la réflection totale que par celle du Saint-Esprit. Cependant, M. Boisgiraud, professeur de physique au collège de Poitiers, n'a pas craint de donner un certificat duquel il résulte que le phénomène ne peut être attribué qu'à l'intervention directe de Dieu.

La gravure que nous reproduisons en tête de ce volume a été copiée sur une estampe du temps, tirée de la collection de M. Dentu (1). Elle donne un nouveau degré de probabilité à l'explication précédente, sauf réserve de supercherie. Un grand nombre de cas analogues, où les dévots ont vu, en levant les yeux au ciel, des objets qui ne pouvaient se trouver que sur la terre, ont été enregistrés comme des miracles, et figurent à ce titre dans la *Vie des Saints*, à côté d'autres phénomènes aussi faciles

(1) Voici les indications bibliographiques de la gravure que **M. Dentu** a eu l'obligeance de mettre à notre disposition. *Apparition d'une croix à Migné, près Poitiers, au moment de la plantation solennelle de croix pour la clôture des exercices du Jubilé (17 décembre 1826).* **Se vend à la Société Catholique des Bons Livres, rue du Pot-de-Fer-Saint-Sulpice, nº 4, imprimerie lithographique de Chabert, rue Cassette.**

à expliquer sans l'interversion des lois de la physique.

Malgré le certificat de M. Boisgiraud, l'Église n'osa accepter canoniquement le miracle de Migné. Le pape Léon XII, faisant une restriction subtile, déclara qu'il y croyait comme homme, non comme pape. Quelque chose avait donc été gagné par la critique que les libéraux avaient dirigée contre les marchands de miracles de Migné ; mais un pape infaillible serait-il aussi timide, craindrait-il autant de s'avancer ? Dans l'histoire des folies de toute nature auxquelles le sentiment religieux a malheureusement donné naissance, c'est presque toujours la bonne foi des thaumaturges que nous devons incriminer. Car, dans toute la physique, la mécanique et l'électricité, il n'y a rien qui soit si commode à exploiter que la crédulité des dupes ; c'est à la niaiserie publique que les charlatans doivent commencer par s'adresser, et c'est, en effet, là d'abord qu'ils s'évertuent à frapper.

CHAPITRE XXI

LE LABARUM DE CONSTANTIN.

On ne peut nous accuser d'avoir une trop grande confiance dans la bonne foi des marchands de miracles, mais
nous sommes les premiers à reconnaître que dans beaucoup de cas tout le monde a pu être dupe, même les
maître fripons. Les phénomènes naturels, dont on
connaît maintenant la théorie, grâce aux découvertes
polaires et aux ascensions des aéronautes, ont pu donner naissance à l'apparition des objets les plus extraordinaires. Les nuages glacés que l'on nomme cirrhus doivent avoir sur la conscience bien des faux miracles et de
fausses manifestations de la puissance divine. Que de
jeux de lumière peuvent se produire sur des neiges
assez minces et assez fines pour flotter très-longtemps
dans l'atmosphère! Que de combinaisons propres à
frapper les imaginations incultes, façonnées dès l'enfance à la superstition, harcelées par la crainte de Cro-
quemitaine et celle de Lucifer, apprenant à raisonner
dans les contes du Petit-Poucet, ou dans les merveilles
de la *Vie des Saints!* Nous prendrons pour type de ces
phénomènes une apparition célèbre dans l'histoire, celle
de la croix lumineuse qui se montra dans le ciel pendant
que Constantin marchait contre le tyran Maxence.

Si cette croix avait paru vers le soir, nous nous serions arrêté à la même explication que pour celle de Migné. Mais, comme il faisait grand jour, nous appellerons à notre aide les nuages glacés.

Il nous paraît probable que la croix du Labarum a été produite par des lamelles de neige flottant dans une direction parallèle à l'horizon. En se brisant sur ces cristaux, les rayons du soleil donneraient certainement la sensation d'une croix lumineuse. La branche horizontale serait incontestablement tracée par l'action de la lumière sur les tranches de cette multitude de petits plans. Quant à la ligne verticale, elle serait donnée par l'action des mêmes rayons de lumière sur les petites arêtes perpendiculaires.

Nous ne nions point que cette position doive être considérée comme exceptionnelle, mais elle est logiquement admissible et même physiquement réalisable avec un appareil analogue à celui dont M. Lissajous s'est servi dans ses belles expériences, exécutées récemment dans les conférences scientifiques de la Sorbonne, pour montrer comment se forment les parhélies, authélies, halos, etc., etc.

Un marchand de miracles assistant à ces démonstrations pourrait s'écrier, comme le porteur d'eau de Charlet accoudé sur le parapet du Pont-Neuf, et regardant couler la Seine, « que de marchandise perdue ! »

Un pharisien de la physique pourra adresser à notre théorie une petite critique au-devant de laquelle notre loyauté nous fait un devoir d'aller. Généralement les croix qui paraissent dans l'atmosphère sont escortées d'auréoles et d'anneaux colorés, dont on ne raconte point que la croix de Constantin ait été ornée.

Nous dirons d'abord pour notre défense que la description laissée par les auteurs latins ne brille point par sa clarté ; elle n'a rien de scientifique. Les spectateurs du phénomène ont pu ne prêter qu'une attention médiocre aux autres parties de l'apparition. Puis des nuages ont très-bien pu cacher la majeure partie du phénomène et ne laisser voir que la croix. Car il est assez rare que l'on aperçoive à la fois tout le système des lignes et des anneaux colorés qui accompagnent ordinairement des phénomènes du même genre, très-fréquents dans les régions polaires, où les nuages glacés se trouvent si près de la surface de la terre.

Bien des fois ces magnifiques jeux de lumière ont été pris comme des signes de la colère ou de la satisfaction des dieux. Julius Obsequens, dans son livre *des Prodiges*, note avec le plus grand soin des apparitions plus ou moins analogues à celles que les Esquimaux traitent avec autant d'indifférence que les Romains traitaient jadis l'arc-en-ciel. Mais que de Quirites guerriers, intrépides, tremblaient en voyant le soleil enveloppé de deux cercles différents, dont la physique nous permet de fixer aujourd'hui le diamètre à 46°, à 90° comme si on les avait mesurés lorsqu'ils ont paru.

En effet, on n'a jamais observé d'une façon régulière que deux sortes de cercles, et toutes les autres apparences semblent dérivées invariablement de ces deux figures typiques. Mais la dérivation a lieu en vertu de règles si compliquées, que le vulgaire ne peut se rendre compte des liens physiques rattachant les aspects imprévus du phénomène aux lois connues.

Ces cercles sont toujours colorés rouge pâle en dedans, et blanc ou bleuâtre en dehors ; quelquefois les teintes sont assez faibles pour qu'on les croie constitués de lumière blanche ; c'est ce qui est arrivé dans certains cas que Julius Obsequens a rapportés. Quelquefois même, un des deux cercles est si pâle qu'il manque entièrement ; il en fut ainsi, s'il faut en croire le même auteur, lorsque Octave fit son entrée à Rome, au milieu d'une foule immense (en l'an 78), alors qu'il venait de se faire proclamer membre de la famille des Jules, en vertu du testament de Jules César.

Ce présage, déclaré d'un favorable augure, fut complété par l'apparition d'une étoile qui se montra dans la constellation du Chariot pendant les jeux donnés en l'honneur de Vénus, mère des Jules. Ce météore n'avait rien non plus de surnaturel, il était produit par la rencontre de notre atmosphère avec un petit astre, qui n'avait aucun rapport ni avec Vénus ni avec le fondateur de l'empire romain. Car on en vit depuis briller des centaines, non-seulement dans la Grande Ourse, mais encore dans toutes les constellations, sans qu'on ait revu de prince comme Auguste, sans surtout que l'on ait assisté à la fondation d'un nouvel empire romain. Les flatteurs s'empressèrent de faire de cette étoile un ornement du diadème du futur maitre du monde.

On rapporte aussi qu'un violent coup de vent renversa

la statue que Cicéron avait placée devant la chapelle de
Minerve, la veille de son départ pour l'exil. Cette accu-
mulation de prodiges, quoique tous possibles physiquement, nous oblige à les accepter sous bénéfice d'inventaire, en vertu du calcul des probabilités. Car l'art du
marchand de miracles ne consiste point à mentir tout à
fait, mais à profiter des circonstances extraordinaires
pour y ajouter des prodiges de son invention.

Quelle bonne fortune pour les marchands de miracles
lorsque le phénomène prend une forme encore plus sur-
prenante, lorsque l'on voit deux faux soleils à l'endroit
où le grand halo rencontre un cercle horizontal de couleur blanche !

Quand ces faux soleils se montrent ainsi, on pourrait
croire que les lois de la nature entière sont bouleversées,
tant l'aspect du ciel est bizarre, imprévu. Car certains
de ces astres postiches sont si éclatants qu'on ne peut pas
les regarder en face. Ils cèdent à peine en lumière au
soleil vrai ! !

Même sous cette forme merveilleuse, le phénomène a
été fort bien décrit par Julius Obsequens, comme ayant
fait partie des merveilles observées en l'an de Rome 648,
dans le Picenum. En même temps, on avait vu à Vulsi-
nies, ville d'Etrurie, des colonnes de lumière jaillissant
de terre, et montant jusqu'au ciel. Comment ne point
être épouvanté, tant qu'une physique savante et com-
pliquée ne nous a point appris que tout est illusion dans
un spectacle si prodigieux ? Comment se douter que ces
apparitions doivent nous apprendre à nous défier de nos

sens, car la nature doit tenir en réserve des phénomènes encore plus rares, aussi inoffensifs peut-être,
mais beaucoup plus surprenants !!

Soyons indulgents pour la crédulité dont fait preuve
Julius Obsequens, car il a au moins rendu à la science
moderne le service de recueillir le récit d'une multitude
de phénomènes physiques, dont la majeure partie ont
été incontestablement observés. Ne prodiguons point
injustement notre colère; si nous sommes trop sévères pour
les païens, que dirons-nous des savants contemporains
qui servent de compères aux marchands de miracles de
notre temps ! Que dirons-nous de ceux qui racontent des
légendes absurdes, de ceux qui les respectent comme si
elles étaient paroles d'Evangile, quoiqu'elles ne soient
point protégées par le concordat ?

Les historiens ecclésiastiques ont ajouté à la description de cette croix lumineuse bien des enjolive-
ments. Au lieu des cercles colorés qu'ils ont oublié de
voir, ils nous parlent d'une devise latine qui aurait
annoncé à Constantin que la croix lui donnerait la
victoire.

Les formes de la neige sont bien nombreuses, mais on
ne saurait imaginer de disposition qui permette aux
rayons de soleil d'écrire dans le ciel les mots sacramentels
in hoc signo vinces.

Toutefois, cette addition frauduleuse ne doit pas nous
empêcher, d'une façon absolue, d'admettre la possibilité
de l'apparition. Les physiciens n'ont pas eu à se féliciter
d'avoir repoussé si longtemps les histoires relatives aux

chutes d'aérolithes, quoique la bonne foi des narrateurs fût à bon droit suspecte.

Aujourd'hui l'on commence à introduire dans les catalogues de chutes de bolides l'enclume de Vulcain dont parle Hésiode, et la pierre noire d'Abraham, adorée à la Mecque par les pèlerins.

Il est probable qu'on fera figurer prochainement dans ces listes quelque chute voisine de la célèbre ville de Lorette, car il ne parait point improbable que cette statue tire sa célébrité de quelque ancien événement aérolithique. On peut supposer que les marchands de miracles du XIIe siècle n'auraient point inventé les pérégrinations merveilleuses de la *Santa Casa*, si quelque phénomène céleste n'était venu leur en donner l'idée.

Si on enlève à la croix lumineuse de Constantin la devise qui n'a pu être brodée que sur son Labarum, on enrichit la science d'une observation utile, susceptible de servir aux progrès de la météorologie.

La vraie science prend son bien où elle le trouve, ce qu'elle arrache aux marchands de miracles ne lui répugne pas.

CHAPITRE XXII

LES PARATONNERRES ET LES MARCHANDS DE MIRACLES.

Les Romains se préoccupaient énormément de l'apparition des feux-follets qui se montraient quelquefois sur leurs temples, comme ceux que l'on observa sur la chapelle des dieux lares, en l'an de Rome 641. Cependant, il est clair que le dieu qu'on adorait dans l'édifice était aussi étranger au phénomène que le saint de l'église sur lequel des flammes mystérieuses viennent de nos jours se montrer! Car l'impitoyable physique nous apprend que Castor et Pollux, loin d'être attirés par des affinités ou des sympathies personnelles, obéissent simplement à l'action des masses métalliques dont généralement ces édifices sont garnis, ou que les églises renferment toujours, soit dans les clochers, soit dans les sacristies. Chaque année, pour ainsi dire, l'on pourrait enregistrer des événements pour faire comprendre que les dieux, ni les archanges, ne sont pour rien dans ces manifestations. Les lances des gardes-nobles du Saint-Père pourraient fixer des éclairs sans que les gardes-notes du concile aient le droit de croire que Saint-Michel va les aider à repousser les tentatives impies de Victor-Emmanuel, et surtout de Garibaldi.

Dans notre livre des *Éclairs et tonnerre*, nous avons essayé de tracer un tableau des pratiques superstitieuses auxquelles la foudre a donné lieu dans l'antiquité ou dans les pays éloignés. Nous avons ridiculisé les empereurs du Japon qui se réfugient dans des cavernes situées sous des pièces d'eau. Nous avons montré Auguste, le fondateur de l'empire romain, se couvrant de peau de veau marin pour échapper aux atteintes de la foudre. Nous eussions été moins sévère pour les anciens, si nous avions pu deviner que nos contemporains vivaient dans une abjection morale encore plus grande, et qu'ils étaient assujétis à des pratiques qui n'eussent point été tolérées dans l'antiquité ! ! Mais à l'époque récente où nous avons écrit ce livre, nous ignorions encore toutes les misères intellectuelles de notre siècle et nous comptions naïvement sur la paisible évolution du progrès.

Quatre-vingts ans après l'invention des paratonnerres, l'abbé Lamberg, chanoine titulaire de Paris, ose raconter les histoires suivantes, dans un *Manuel de la dévotion au saint Scapulaire*, publié avec l'approbation de Mgr de Quélen (page 98) :

« Le feu du ciel, dit-il, à la subtilité et à l'autorité duquel rien ne peut résister sur la terre, a trouvé plus d'une fois un obstacle dans le *scapulaire*. Ce feu, allumé par la colère de Dieu, a respecté souvent d'une manière singulièrement extraordinaire le saint scapulaire et épargné ceux qui en étaient revêtus, en ne leur faisant aucun mal, tandis qu'il consumait ceux qui n'avaient pas su profiter de cet avantage, en se couvrant des livrées de Marie. »

Les histoires suivantes, empruntées à la même source,

doivent être présentées comme échantillons de la logique des chanoines approuvés.

En 1602, le 27 août, Barthélemy Lopez, soldat espagnol, de service au château de Saint-Elme, à Naples, s'acquittait de quelques services pour le scapulaire dont il était revêtu, lorsque tout à coup l'éclair luit, et le tonnerre éclate au-dessus de sa tête. La foudre lui frappe l'épaule, et, sans lui faire de lésion, laisse sur sa peau l'empreinte d'une croix, comme un signe de salut pour lui attester que c'était à un secours d'en haut qu'il devait la faveur d'avoir été préservé des terribles effets du tonnerre.

Un homme illustre par sa naissance et par sa piété fut frappé de la foudre, et sa chemise fut consumée par ce feu subtil. Saisi de ce coup imprévu, il porta la main à son scapulaire. Il était intact comme tout son corps; le feu avait respecté l'un et l'autre. (Le Père Boissieu, *Traité de la dévotion à Marie.*)

Aux environs d'Aix, un vigneron se trouvait au milieu de ses camarades pendant un violent orage; un grand éclat de tonnerre frappa de mort tous ses compagnons, qui n'avaient pas eu soin de se revêtir du scapulaire; lui seul, revêtu de ce précieux gage de la protection de Marie, fut préservé de la foudre. (Le Père Théophile Raynaud, jésuite, tome XII, page 286.)

L'habitude de porter un scapulaire n'étant pas une pratique dévote très-commode et très-propre, on comprend que les marchands de miracles cherchent à faire croire qu'elle n'est pas seulement bonne à faire son salut éternel.

L'abbé Thiers indique encore, comme préservatif de la foudre, un autre sortilège, qu'il a l'air de croire efficace et dont l'origine pourrait sans peine se rapporter aux anciens : « C'est, dit-il, l'esprit de ténèbres qui préserve ceux qui font un cercle lorsqu'ils se voient menacés des foudres, des ouragans, des orages et de la pluie, même en pleine campagne. Sitôt qu'ils entendent gronder le tonnerre et souffler le vent avec impétuosité, ils font sur la terre, avec un couteau, un cercle simple, capable de contenir tous ceux qu'ils veulent garantir; puis ils font une croix au milieu. Ils écrivent : *Verbum caro facta est*, puis ils fichent un couteau au milieu de la croix, le tranchant vers l'endroit d'où pouvaient venir la foudre, les ouragans, les orages et les pluies, » en biaisant un peu, dit l'abbé Thiers avec un sérieux qui est le plus sûr garant de sa bonne foi.

Qui oserait dire que cet usage n'a point persisté ? Que disons-nous ? Qui donc n'a pas vu des bonnes femmes et quelquefois des hommes ou des enfants se signer, lorsqu'il éclaire, au mépris de Franklin, de Volta et de Galvani ? Est-ce que nous-mêmes, en sortant du catéchisme où nous allions avant notre première communion, nous ne le faisions point quand il tonnait! Ils seraient certainement moins ridicules, ceux qui se mettraient sous cloche de verre, ceux qui monteraient sur un gâteau de résine ou ceux qui prendraient le parapluie paratonnerre inventé par l'abbé Nollet!

On trouve encore aujourd'hui dans le Missel romain ces prières, adressées aux cloches : « Que ces cloches

chassent au loin les malignes influences, les esprits ten-
tateurs, les tourbillons, les *coups de foudre et le tonnerre*, qu'elles dissipent le fracas de la grêle, les tourbillons, les orages et les tempêtes. »

Aujourd'hui cette prière n'est pas prise au sérieux,
mais vers le milieu du siècle dernier il en était bien autrement. Les astronomes et les physiciens de l'Académie des
sciences de Paris n'osaient se prononcer publiquement
contre son observance. Ils étaient dans le même embarras que les savants indiens de Benarès, qui ne se
hasarderaient point à rire des brahmines quand ils font
hurler le peuple pour sauver le soleil qu'un énorme
dragon va dévorer. Celui d'entr'eux qui oserait en-
seigner qu'il n'y a pas besoin d'épouvanter le dragon, serait-il sûr d'échapper au poignard des assassins !

C'est seulement à la suite d'un grand orage nocturne
qui éclata en 1747 dans les environs de Saint-Paul-de-
Léon, que l'Académie prit courage. Alors, pour la première fois, elle publia un rapport condamnant comme
dangereuse et impie la coutume de sonner les cloches. Il
n'aurait point été prudent, sans cette admirable démonstration fortuite, d'imprimer que la physique profane
ordonnait de désobéir à un des canons de l'Église
Romaine.

En 1747, presque tous les curés de ce canton de Bretagne, se précipitèrent dans leur église et s'empressèrent
de faire mettre les cloches en branle, comme l'ordonnent
les sacrés-canons. On carillonna donc à tour de bras,

dans vingt-quatre sanctuaires situés dans le pays que la nuée orageuse traversa.

Six curés furent trop effrayés pour sortir de leur lit et veiller à ce que les cloches sonnassent pour protéger leur paroisse et leurs cloches. Ces six semi-hérétiques, peut-être un peu jansénistes, à la façon de l'abbé Thiers, se contentèrent de laisser agir la nature.

Notre devoir d'historien impartial nous oblige à déclarer que les résultats de cette grande expérience involontaire furent singulièrement encourageants pour cette intelligente pratique. En effet, les vingt-quatre églises où l'on avait suivi les préceptes du droit canon furent toutes les vingt-quatre frappées du feu du ciel.

Ce n'est pas tout, car la foudre fit le mauvais tour d'épargner précisément toutes les églises où l'on avait laissé les cloches en repos.

La théorie des paratonnerres, qui furent inventés il y a environ un siècle, permet de donner aujourd'hui la raison complète de cette singularité apparente. Car en secouant une corde que la pluie rendait humide, les malheureux sonneurs mettaient, malgré les canons de l'Église Romaine, la cloche en communication avec le réservoir commun.

Mais il n'y a pas de maladie aussi tenace que la superstition.

Arago lui-même n'ose soutenir un préfet de Louis-Philippe qui avait eu le courage d'interdire, au nom de la sécurité publique, de pratiquer ces sonneries absurdes, ridicules, superstitieuses. Une plaisanterie assez pauvre, indigne du savant secrétaire perpétuel de l'Académie des sciences, est le seul commentaire qui, dans la *Notice sur le tonnerre*, accompagne la mention de cet acte de courage philosophique.

Le savant secrétaire perpétuel a probablement obéi à un scrupule très-honorable de sa part. Il lui a paru impossible de ne point protester au moins contre une mesure qui peut, sous certain point de vue, sembler une atteinte à la liberté religieuse.

Les pratiques les plus ridicules ne sont en général justiciables que de la raison. Le philosophe et le physicien sortent de leur rôle quand ils font appel au bras séculier.

Toutefois, il faut bien reconnaître que dans l'espèce il s'agit de protéger la vie des citoyens contre un péril imminent. On ne peut admettre que le gouvernement reste indifférent lorsque l'on entasse des matières combustibles près des habitations. On blâmerait les autorités municipales qui laisseraient établir dans les villes des dépôts de poudre, ou des capsuleries.

La foudre qui se dirige sur l'église parce qu'on y sonne les cloches ne frappe pas seulement les sonneurs. Des rayons peuvent s'égarer dans le voisinage et donner lieu à de très-dangereuses commotions.

On peut, sans aucune espèce d'exagération, assimiler les églises dans lesquelles on persiste à sonner les cloches quand il tonne à des établissements insalubres, et par conséquent on doit les reléguer loin des habitations.

N'est-il pas plus simple de rendre une ordonnance de

police, dans les cas, bien rares actuellement, où les desservants persisteraient à suivre des prescriptions dangereuses? En effet, on épargnerait non-seulement la propriété et la vie des voisins, mais aussi celle des sonneurs, qui n'est pas moins précieuse.

J'aimerais mieux pour ma part demeurer près d'une fabrique où l'on emploierait des machines à vapeur non timbrées, que près d'une église où l'on mettrait les cloches en branle alors que le ciel se chargerait d'électricité.

Un moyen terme encore plus sage serait d'obliger toutes les églises à avoir un paratonnerre; mais ceci serait peut-être considéré comme une violente persécution, et suffirait peut-être pour faire excommunier le gouvernement.

CHAPITRE XXIII.

TRANSFIGURATIONS ET TRANSFIGURÉS.

Nous n'entreprendrons pas de raconter même en abrégé, la vie de tous les saints qui ont été l'objet de phénomènes lumineux. Ce serait en effet faire acte de crédulité, que de réunir toutes ces légendes, et de les discuter sérieusement. Nous obligerait-on de démontrer qu'il est faux que saint Janvier ait pu voir une flamme planer sur la tête de saint Josée, pendant qu'il lisait l'évangile; qu'il n'est pas vrai que saint Philippe ait aperçu une effluve de lumière sortant de la tonsure de saint Ignace? Sentirons-nous le besoin d'employer les ressources de la physique pour arriver à savoir s'il est vrai·qu'une flamme ait jailli de l'hostie dont saint Martin se servait pour dire sa première messe? Si une flamme en est sortie, peu nous importe, nous n'y verrons que la présence de l'électricité.

L'électricité du sol a donné lieu à une infinité d'apparitions réellement très poétiques, que les marchands de miracles ont toujours tâché d'exploiter. Il ne faut pas les connaître pour s'étonner qu'ils aient tiré parti de la naissance des flammes qui jaillissent quelquefois inopinément du sol au milieu des ténèbres de la nuit. Le charlatan sacrilége qui est favorisé par un tel hasard a-t-il besoin de beaucoup d'éloquence pour placer sa marchandise, ses scapulaires, ses cierges et ses médailles ?

C'est une industrie qui se gâte, et qui paraît aujourd'hui indigne de descendre des grands escamoteurs du moyen-âge. Les plus magnifiques spectacles restent quelquefois inexploités. J'ai vu apparaître de magnifiques aurores boréales, le ciel était en feu, on eût dit que les puissances du ciel allaient apparaître sur une nuée étincelante, et les marchands de miracles inventaient d'obscurs prodiges, dans leur obscure retraite. Ils n'osaient prendre en témoignage ce ciel resplendissant.

La nature était autrefois leur incontestable domaine. Mais ce domaine commence à leur échapper. La physique et la chimie ont arrêté bien des projets de mensonge qui n'ont point franchi les lèvres sacriléges. Que serait-ce si les savants faisaient bonne garde, et s'ils démasquaient toutes les hypocrisies !

Pendant longtemps, ces faits extraordinaires et leurs analogues ont été exploités par les fauteurs de superstitions ; sur le terrain de ces prodiges les libres penseurs n'osaient point les accompagner. Incapables de les expliquer à l'aide des principes de la physique, les philosophes n'avaient d'autre ressource que de nier leur existence. C'était le seul moyen de les empêcher de servir aux marchands de miracles de l'ère des Césars ; nulle autre ressource que le scepticisme pour combattre les prêtres de Vénus, de Jupiter et des autres Dieux.

L'Ancien et le Nouveau Testament sont parsemés de récits bien plus surprenants et dont la science aurait encore plus de mal à trouver l'explication rationnelle. Quand Moïse descend du mont Sinaï, apportant les tables de la loi, son front lance des éclairs, désignés sous le nom bizarre de cornes, faute sans doute de mot pour désigner des apparitions si étranges. Avant que le Prophète Elie ne monte au ciel, porté par un tourbillon de lumière, son visage ne s'illumine-t-il pas d'une façon merveilleuse, empruntant en quelque sorte un rayon de majesté divine ?

Depuis qu'on adore l'image des bienheureux, on nous les représente la tête entourée d'une auréole de lumière, espèce de pain à cacheter appliqué par le peintre, pour montrer que c'est d'un saint qu'il s'agit. Mais le saint vivant aurait pu avoir son chef environné de clartés, et cela tout naturellement. Un rayon d'électricité capricieuse pouvait descendre sans devenir un nimbe. Nous avons vu dans l'ombre notre tête enveloppée d'une auréole de lumière pendant la belle ascension que nous avons exécutée à bord du *Céleste*, au profit de la Société des Arènes. N'avions-nous pas eu le droit de soutenir que ce phénomène était un signe montrant que le grand squelette était un martyr, et que la conservation du monument était agréable en très-haut lieu, enfin que la Société des omnibus commettrait un sacrilége, en y établissant ses chevaux ?

Laissons les moines du Bas-Empire discuter sur la nature de la flamme de la transfiguration sur le mont Thabor, à la veille de la passion. Sans nous prononcer sur la question de l'origine de cette lumière, nous ne pouvons nous empêcher de remarquer que, depuis la découverte de la pile de Volta et le paratonnerre de Franklin, dont nous aurons encore plus d'une fois à invoquer le nom, le domaine des miracles a été singulièrement rétréci. Les thaumaturges modernes ne regagneront jamais l'avantage que les paratonnerres leur ont arraché.

Ce n'est point dorénavant dans les ouvrages de sainteté, mais dans les livres de science, que l'on racontera les apparitions extraordinaires. En effet, on a reconnu que ces phénomènes si merveilleux sont fréquents dans les lieux élevés, non point parce que l'esprit divin y habite, mais parce que la pression de l'air y est réduite à la moitié, au tiers de sa pression normale. Les expériences faites dans l'œuf électrique expliquent comment il se fait que Humboldt, Boussingault, de Saussure, aient vu des flammes se jouer autour de la tête de leurs compagnons sans qu'aucun de ces savants ait jamais eu la moindre prétention de ramasser un morceau du manteau qu'Élie laissa entre les mains de son élève. Élisée.

Le physicien qui a montré avec quelle facilité l'électricité se meut dans un air raréfié, a raturé bien des pages de la légende des Saints. Il en est de même du physiologiste qui a constaté que dans certaines affections rares la figure des malades peut se couvrir de sueurs phosphorescentes susceptibles de donner un aspect infernal au patient plongé dans l'obscurité.

Quoique physiquement possibles, quelques-uns de ces prodiges semblent avoir été inventés par des flatteurs, ou des historiens curieux de rehausser l'importance des héros dont ils s'occupent; telles sont les flammes qui auraient, enveloppé dans son berceau le roi Servius Tullius. Faut-il attacher plus d'importance aux contes rapportés par les Bollandistes et propagés avec un but facile à concevoir ?

Des saints, disent-ils, ont eu le palais assez solide pour pouvoir impunément vomir des flammes.

Mais alors, que l'on range au nombre des prodiges démontrant la sainteté, le don d'avaler des étoupes brûlantes comme les saltimbanques de la foire de Saint-Cloud.

Quelquefois des flammes se montrent sur des personnes vivantes, sans leur faire aucun mal, comme sur cet enfant de condition libre qui fut enveloppé soudainement de lumières, suivant Julius Obsequens, en l'an de Rome 650. La physique rend compte de ces phénomènes, même quand les vêtements des sujets de ces manifestations électriques prennent feu. Il n'y a rien qui sente de loin le miracle dans ce que raconte le même auteur quand il rapporte l'histoire d'un esclave et de citoyens dont les vêtements, en l'an de Rome 618, furent réduits en cendres. En effet, ces phénomènes se passent sous nos yeux, dans des circonstances où les saints ne sont plus jamais invoqués.

L'homme incombustible que j'ai vu travailler à la fête des Loges n'avait aucune prétention à une place d'honneur dans le Paradis. Il y a quelques mois (décembre 1870), une jeune fille des environs de Dieppe fut touchée par une flamme électrique qui ne fit que de lui brûler quelques mèches de cheveux. Le progrès des mœurs scientifiques est assez grand pour que cette enfant n'ait point cherché à passer pour une sainte. Le fait est oublié déjà au village même qui en a été témoin. Vainement nous avons essayé de recueillir par correspondance quelques détails un peu précis. On nous a répondu d'une façon vague ; tout en nous confirmant cette singulière circonstance, on nous déclarait qu'on la traitait comme complétement insignifiante ! Quel malheur pour cette jeune fille de n'avoir point vécu quelques siècles plus tôt !

Si l'on en croyait Scaliger, Cardan, Bartholin, ces auteurs auraient été des hommes exceptionnels, comparables à Asclepiodore, le thaumaturge qui opérait ses miracles avec l'hellébore blanc ! Tous les trois ils nous racontent que leurs yeux, illuminés par une sorte de clarté intérieure, éclairaient les objets placés devant eux. Ils veulent nous faire croire qu'ils jouissaient de la faculté de lire dans les ténèbres, sans autre secours qu'une sorte de phosphorescence de leur prunelle. Allons-nous les admirer sur parole, et nous extasier comme leurs commentateurs l'ont fait plus d'une fois ? Nous n'accepterons évidemment leurs déclarations que comme un symptôme d'orgueil, peu justifié même par un mérite réel ; mais ils auraient raison, que nous ne verrions encore dans cette circonstance rien de surnaturel.

Quoique l'*éclampsie* ou éclairs des yeux semble particulière aux femmes en couches, et aux malades atteints d'épilepsie, il ne serait point impossible, après tout, qu'elle s'étendît aux auteurs en mal d'enfant, aux philosophes méditant sur l'éternité! De toutes les maladies, la plus dangereuse est encore la manie d'écrire, de briller dans le monde. Qui sait si elle ne provoque pas quelquefois des apparitions qui n'auraient rien de miraculeux quelque éclatantes qu'elles fussent!

Qui oserait dire, après tout, que la fureur et l'amour ne peuvent faire jaillir des éclairs de notre prunelle! Qui donc n'a pas vu les yeux de sa maîtresse lancer des étincelles, de ces étincelles accompagnant un instant de bonheur, d'ivresse et d'oubli!

Ne sait-on pas que les animaux de la race féline jouissent de la faculté que ces hommes célèbres réclament? Quelle est donc l'énergie des éclairs que Bartholin, Scaliger et Cardan considèrent comme la preuve matérielle de la réalité de leur génie, auprès des feux que l'on voit scintiller dans les yeux d'un loup ou d'un tigre rendu à la liberté des grands bois.

Aujourd'hui que l'on a tiré des étincelles de la peau de chat sur tous les champs de foire, il ne serait pas permis de crier au miracle; comme Scaliger, dans son 174° exercice, verrait-on des lumières jaillir de la chevelure d'une héroïne de Caumont! Il est bien temps que la science, qui a servi pendant tant de siècles de base à la superstition, échappe aux marchands de miracles, qu'elle guérisse enfin les blessures presque mortelles qu'elle a trop souvent aidé à faire à la raison, à l'humanité! Vainement les panégyristes des modernes Honorius et des modernes Théodoric nous apprendront que la face de leurs héros est devenue lumineuse dans l'obscurité ; ils ne parviendront qu'à nous mettre en garde contre quelque supercherie.

Hâtons-nous d'ajouter que l'électricité aurait bon dos, si on lui donnait la responsabilité de toutes les apparitions lumineuses que l'on a constatées sur des êtres vivants. Car, dans pareilles matières, il ne faut point oublier que le charlatanisme est toujours là. Qu'il nous soit permis de donner pour preuve la théorie d'un tour d'escamotage que dans l'antiquité on aurait considéré comme une merveille des plus grandes. De nos jours encore, il pourrait servir à duper bien des gens.

Nous trouvons dans l'*Encyclopédie de la magie*, par le célèbre prestidigitateur Comte, un procédé qui était évidemment à la portée des anciens. Il suffit de laisser digérer ensemble, dans un bassin de sable, six parties d'huile et une partie de phosphore, et de conserver cette solution dans l'obscurité ; quand on veut faire le tour, qui n'offre aucun danger si on ferme la bouche et les yeux, on trempe dans la solution une éponge, dont on se frictionne assez légèrement. Dira-t-on que les anciens ignoraient l'existence du phosphore et de la lotion précédente ? Nous pourrions examiner s'ils n'étaient point assez savants pour avoir recours à d'autres préparations fort dégoûtantes, mais certainement efficaces. Cependant nous avons résolu de nous en tenir à l'examen de miracles décents ; notre sujet est si loin d'être épuisé, que nous ne voyons aucun motif pour nous départir de la réserve que nous nous sommes imposée.

Tous les êtres vivants ont, comme on le sait, la faculté de produire de la lumière après leur mort. Le fait est même si connu que nous avons dédaigné de recueillir la longue série d'aventures extraordinaires dépendant des feux follets.

Mais on ignore généralement qu'un grand nombre d'animaux d'ordre inférieur possèdent la faculté d'engendrer des liquides phosphorescents sans qu'ils se trouvent sous l'influence d'un état pathologique. Les lampyres, si connus, ne sont en quelque sorte qu'un type d'une famille considérable répandue dans tous les climats, et dans laquelle on pourrait faire figurer côte à côte des insectes, des annélides, des crustacés, des infusoires, des arachnides, des mollusques, etc., etc.

Ce qui est plus étrange, plus merveilleux encore, c'est qu'il est facile de voir que chez la plupart de ces animaux étranges la matière lumineuse est le produit d'une véritable élaboration, et qu'elle ne contient point un atôme de phosphore, substance dont la nature semble trop avare pour la prodiguer ainsi.

Cette grande merveille de la nature vivante s'opère exclusivement en vertu des lois connues de la combustion. On peut comparer cette sécrétion phosphorescente à une huile si combustible qu'elle absorbe lentement l'oxygène de l'air à mesure qu'elle se produit. Cette combustion est si lente qu'elle ne donne lieu à aucune élévation de chaleur, à aucun dangereux incendie.

Les effets les plus poétiques, les plus surprenants résultent de cette admirable faculté phosphogène. Je ne

14

crois pas que jamais les marchands de miracles aient inventé des fictions aussi gracieuses que les scènes maritimes auxquelles des légions de noctiluques m'ont permis d'assister, sur les bords de la Manche ou de la Méditerranée.

Ces myriades de points scintillant sur la crète des vagues, semblent prendre plaisir à défier la puissance de notre imagination. Etre orgueilleux qui nous contemple, tu crois savoir comment il se fait que les soleils illuminent les espaces, et versent dans toutes les directions des torrents de lumière et de vie ! Insensé qui crois connaître les secrets de la mécanique céleste, combien ne t'a-t-il pas fallu de recherches pour comprendre pourquoi ces vagues scintillaient; même malgré ton microscope, tu n'as pu parvenir à préparer la substance mystérieuse que nous sécrétons dans le sein de l'Océan, et qui forme la parure des flots où nous trouvons à la fois notre pâture et notre tombeau !

CHAPITRE XXIV

LES GRANDES CONVULSIONS DE LA NATURE.

Les éclipses ne produisent plus d'effroi chez les populations des grands centres éclairés ; mais tout ce qu'on aurait pu dire eût été évidemment inutile, si l'on n'avait trouvé moyen de les annoncer avec une précision fort suffisante et si l'on n'avait, de plus, pris soin de divulguer les procédés dont on se sert pour obtenir un pareil résultat ! Car cette sorte de prescience parait si merveilleuse, que malgré la publication des pénibles méthodes employées par les astronomes, ces prédictions leur servent pour faire croire au peuple que leur science est infaillible comme la théologie. Que disons-nous, Auguste Comte, l'auteur de la *Philosophie positive*, s'y est laissé prendre lui-même, et il déclare, sur la foi des prédictions d'éclipses, que l'astronomie est la plus parfaite de toutes les sciences, que c'est elle qui sert de modèle à toutes les autres !!

Comme on le voit, ces superstitions relatives aux éclipses de soleil et de lune avaient tant de venin, qu'elles n'ont pu disparaitre sans laisser place à un préjugé fort gênant pour le progrès des sciences. Car il faut être instruit dans ces matières pour s'apercevoir des petites différences qui existent entre les prévisions officielles et l'événement. Les fautes du bureau des longitudes de France, et les discussions qui ont éclaté entre les astronomes, n'ont en aucune façon diminué le crédit de la science dont ils invoquent l'autorité. Mille erreurs beaucoup plus graves se révèleraient sans ébranler un pouvoir moral qui semble reposer sur des fondements dont chacun est à même d'apprécier la solidité plusieurs fois dans sa vie.

Malheureusement le public s'est exagéré l'importance des observations faites par les astronomes ; il en est arrivé à concevoir l'idée fausse, absurde, chimérique que les astronomes avaient pénétré la cause des mouvements célestes, puisqu'ils étaient parvenus à les calculer. Cependant, en examinant philosophiquement les méthodes usitées par de véritables marchands de miracles analytiques, on arrive à l'idée que la loi de l'attraction et de l'impulsion primitives, articles de foi académiques, ne reçoit pas une seule confirmation. Les prédictions ne sont en réalité que le fruit de l'empirisme, de sorte que la majeure partie des calculs auxquels ont donné lieu certaines hypothèses surcharge inutilement le plancher de nos bibliothèques.

Ces théories fausses, parce qu'elles sont trop absolues, disparaîtront forcément de la science comme celles qui les ont précédées. Il leur restera toujours l'honneur incontestable d'avoir guéri le peuple d'une folie qui était un grand obstacle à son émancipation, et dont des légions de charlatans profitaient.

Les tremblements de terre produisent encore de nos jours à peu près le même effet que dans les temps anciens, non-seulement parce que les scènes sont navrantes, mais parce qu'elles saisissent à l'improviste et que les savants ne les prévoient pas. Presque toujours les populations se précipitent dans les églises, comme il arriva, notamment en 1862, à la Canée (île de Crète), à l'issue de violentes secousses qui se produisirent en janvier 1870. Les prêtres grecs firent sonner le tocsin, heureusement quand tout était fini. Sans cela, les malheureux habitants auraient couru le danger d'être écrasés, les édifices publics, construits généralement sans étude préalable de la direction habituelle des secousses, étant extraordinairement exposés à s'effondrer!

La piété n'est jamais plus mal entendue que lorsqu'elle attire les populations au pied des autels dans de pareilles circonstances. Si le concile œcuménique qui siége au Vatican avait l'intelligence des lois physiques, il interdirait, sous peine d'excommunication majeure, d'aller prier Dieu lorsque la terre tremble. Il dirait que ce phénomène naturel n'est pas un des signes de la colère du Très-Haut, mais qu'il est le produit nécessaire d'actions qui s'opèrent dans le sein de la terre, et auxquelles les différents pays habités doivent la forme qu'ils possèdent actuellement. Il ajouterait que la volonté divine ne saurait intervenir en rien dans ces convulsions, puisqu'en créant le monde l'Être universel a dû de toute nécessité disposer de la manière dont se produiraient les volcans. Il est impossible d'admettre, sans nier sa sagesse, qu'il ait oublié de s'occuper d'un objet si intéressant. Certes, si l'on veut prier l'Eternel quand la terre tremble, il faut aller s'agenouiller en plein champ ! Que les gens pieux s'écartent alors des habitations, et surtout de celles qui sont consacrées au Seigneur, parce qu'elles sont plus élevées que les autres, et par conséquent plus exposées à s'ébouler.

L'association britannique a constitué depuis une quinzaine d'années un comité permanent des volcans, présidé par M. Robert Mallet, qui s'est fait des tremblements de terre une honorable spécialité. M. Robert Mallet a parcouru la Calabre après les tremblements de terre qui l'ont bouleversée dans ces dernières années. Il s'est aperçu que les secousses avaient plus épargné les églises voûtées que celles qui étaient construites avec des plafonds plats. Ce fait tient évidemment à l'inégale résistance des matériaux et à des questions architectoniques.

En Algérie, où les tremblements de terre sont assez fréquents, ils peuvent être exploités au profit de la religion musulmane. En effet, toujours les Arabes construisaient leurs mosquées en voûte, même dans les plus pauvres villages, tandis que les Français se contentent de donner à la partie supérieure de leurs églises une forme plus économique, convenant à un pays où la terre ne tremble pas. Les muftis peuvent triompher des curés en montrant que leurs mosquées survivent intactes aux secousses dans lesquelles les églises de leurs rivaux sont pour le moins lézardées.

Les tremblements de terre n'arrivent jamais d'une façon quelconque, arbitraire, comme il est probable que serait le cas, s'ils étaient envoyés par Dieu pour répéter la punition de Sodome et de Gomorrhe. Il y a des directions habituelles pour ces grandes commotions, de même que pour les orages. Aussi les prêtres catholiques pourraient-ils obtenir la conservation miraculeuse de leurs sanctuaires s'ils consentaient à observer les secousses avec des appareils enregistrant leur direction et leur intensité. Pourquoi se contente-t-on souvent de planter la croix sur les ruines des mosquées? Certes, ils pourraient se vanter de conserver plus longtemps leurs temples, si au lieu d'avoir recours à la pratique nécessairement peu éclairée de leurs prédécesseurs, ils étudiaient les orientations favorables à l'aide des instruments de M. Robert Mallet.

On peut dire que les tremblements de terre ne vont point tarder à échapper d'une façon complète aux marchands de miracles. En effet, si l'on n'est point encore parvenu à prédire ces terribles catastrophes, on n'en est plus à les considérer comme des événements fortuits en dehors des règles de la prudence humaine et de l'observation rationnelle. On sait maintenant que dans tous les pays du monde ces crises sont semi périodiques, en ce sens qu'elles n'arrivent point indifféremment à toutes les époques de l'année. Nous avons vu, au commencement de ce chapitre, que leur direction n'avait non plus rien d'arbitraire, et que, par conséquent, Dieu ne semble plus libre de produire ce miracle, ni dans tous les sens, ni à toutes les époques, ni dans tous les lieux!

Mais ce n'est point tout!! En effet, M. Élie de Beaumont est parvenu à montrer que les tremblements de terre font partie de l'ensemble des forces naturelles, agissant sans relâche sur le globe que nous habitons. Le

savant secrétaire perpétuel a constaté qu'il n'y a même
rien d'arbitraire dans la direction des grandes chaînes
de montagnes, pas plus que dans le clivage des faces qui
limitent un cristal, ou dans le groupement des cristaux
qui remplissent une géode. Est-ce que la terre n'est
point comme une gemme qui a pris sa forme au milieu
des espaces infinis? Au milieu même des convulsions
épouvantables qui ont fait surgir des massifs dont les
dimensions confondent notre faible raison, l'illustre
géologue a reconnu la trace d'un ordre parfait, d'un
dessein prémédité.

Les grandes tempêtes n'ont point certainement été
domptées. La science n'a rien fait pour agir sur des forces
qui dépassent si visiblement la puissance de notre pauvre humanité, quoique leurs effets ne soient que tem-
poraires, et que le passage de la trombe se borne
ordinairement à quelques débris de naufrages et d'ar-
bres déracinés. Mais les physiciens sont arrivés à prévoir
le moment où elles vont éclater. Bien plus, l'observation
a appris que leur route n'a rien d'arbitraire. Les grands
ouragans qui semblent troubler le repos de l'univers
suivent en quelque sorte une route rigoureusement
déterminée! La place pour le miracle semblera déjà
bien étroite, mais nous allons voir que la science l'a
encore singulièrement rétrécie.

On commence aujourd'hui à comprendre que ces
grandes tourmentes atmosphériques ne sont point sans
avoir les plus intimes rapports avec les commotions vol-
caniques et avec les manifestations de l'électricité

naturelle. Il semble même que ces grands troubles tirent leur origine du mouvement des astres, et surtout des changements qui peuvent se produire à la surface du soleil, le plus important de tous.

Une multitude de faits, que l'on considérait jusqu'à ce jour comme isolés, incohérents, sans rapports les uns avec les autres, se rattachent par une multitude de rapports secrets dont nous ne pouvons encore deviner la nature, mais dont l'existence ne saurait plus longtemps être mise en question.

Dans ce monde que nous voyons se remplir en quelque sorte de l'esprit divin, il n'y a pas de place pour le pouvoir arbitraire d'un Dieu opiniâtre.

Il semble que la science de la nature soit à la veille d'une phase de progrès dont il est à peine possible de deviner la nature et la portée. Devons-nous tolérer, en ce siècle de lumières naissantes, que de dangereux charlatans se fassent une arme de la crédulité publique? Faut-il être indulgent pour les imposteurs qui exploitent en quelque sorte les dernières hésitations de l'ignorance pour la perpétuer, et qui cherchent à se faire une arme contre le progrès des plus brillantes découvertes réalisées dans ces derniers temps?

Une des exploitations les plus ridicules et les plus récentes des grands phénomènes de la nature est, sans contredit, celle qui eut lieu lors de la dernière guerre entre la Prusse et l'Autriche, à laquelle a pris part, comme on le sait, d'une façon plus fructueuse que brillante, le royaume italien. Des deux côtés, le Dieu des armées était sollicité avec une égale ardeur. Peut-être, importuné, a-t-il fermé les portes de son paradis aux solliciteurs, de sorte que la victoire a été au fusil à aiguille, dont les miracles ont devancé les merveilles du chassepot de Mentana.

Une circonstance qui a glissé inaperçue aurait pu être exploitée par les marchands de miracles de Berlin. Un orage épouvantable a éclaté sur la procession que les Viennois faisaient à la Sainte-Vierge, pour lui demander la victoire; capucins et pèlerins, tous ont été trempés comme s'ils étaient tombés à l'eau!! Les princes et les princesses ont été mis en fuite, malgré les bénédictions de l'archevêque cardinal, sans doute parce qu'on n'avait pas pris de parapluie.

Mais le sceptique comte de Bismark n'a pas manqué de tirer parti de cette grande crise atmosphérique qui s'étendit sur toute l'Allemagne. L'habile et impitoyable ministre fut accueilli par un immense coup de tonnerre pendant qu'il haranguait les troupes se rendant à l'action décisive de Langenselza. « Vous le voyez, » s'écria le glacial diplomate s'échauffant un peu pour l'occasion, « vous le voyez, Dieu lui-même est avec nous. » Le fait est que M. de Bismark n'en savait rien, mais il savait que l'armée prussienne avait une arme que l'Autriche n'avait pas; partant de droite ou de gauche, de devant ou de derrière, le coup de tonnerre était un présage de victoire qu'il pouvait se hâter d'enregistrer.

Si le comité d'artillerie s'est trompé, et si le canon d'acier vaut quelque chose, il faudra, pour rattraper la différence, bien des *Pater noster* et bien des *Ave.* « J'ai confiance dans Notre-Dame d'Auray, mais je me méfie des pièces que j'ai vues à l'exposition universelle », disait dernièrement devant moi un officier supérieur. Dieu veuille que cet officier supérieur n'ait pas raison !

Le faux merveilleux disparaît progressivement de l'histoire de l'humanité. A mesure que la science multiplie ses conquêtes, on voit augmenter le nombre des événements dont il est possible de rendre compte d'une façon logique.

Est-ce à dire que nous soyons les seules forces intelligentes agissant dans ce monde, et qu'il n'y ait point au-dessus de nous des forces plus puissantes qui nous enchaînent, des êtres plus intelligents qui nous dominent? Faut-il croire que nous sommes isolés sur cette terre sans que notre existence ait un but, sans que notre raison ait sa raison d'être?

De pareils blasphèmes contre notre conscience ne sauraient tromper personne, car partout éclatent les traces, les preuves d'un plan prémédité. Nous sommes les instruments d'une grande œuvre, nous pouvons coopérer à de grands destins. Que le spectacle des œuvres et des scandales de la superstition ne nous fasse point perdre de vue un spectacle mille fois plus beau que l'autre n'est horrible. Que les faux miracles des hypocrites ne nous détournent point des miracles qui s'accomplissent dans notre sein. Laissons-nous convaincre par l'harmonie de ces forces qui travaillent de toutes parts. et qui semblent chargées de nous préparer un avenir toujours meilleur que le passé.

Une seule conviction, inébranlable en face des désordres de l'esprit comme en face des convulsions apparentes de la nature, doit dominer notre cœur. Nous ne devons jamais chercher la cause en dehors de notre raison. Ce n'est pas qu'elle doive tout expliquer. Mais il n'y a rien dans la nature entière qui contredise ses enseignements. Même quand cette raison se trompe, elle ne cause jamais des erreurs aussi funestes que celles qui sont dues à la superstition.

L'air, la terre et l'eau sont remplis d'animaux de toutes grandeurs, dont un grand nombre nous sont encore inconnus. Chaque jour nos sondages dans les mers profondes mettent à la lumière des êtres bizarres dont l'organisation n'avait pu être prévue. Peut-être les hautes régions atmosphériques nous réservent-elles de nouvelles surprises ! Qui sait s'il n'y a point dans les zones glacées de légers organismes trop subtils pour descendre dans l'air épais que nous respirons ? Qui sait si l'intérieur du globe n'est point également habité ? Si les fleuves souterrains n'ont point d'étranges populations ? Peut-être le feu lui-même n'est-il point antipathique à toute vie ? Qui sait si les anciens n'avaient point raison de croire à l'existence des salamandres dont ils peuplaient des fleuves brûlants ?

Quels que soient ces êtres, on peut dire à l'avance qu'il n'y a point dans leur organisation si complexe un seul détail qui laisse place au hasard ; il semble que toutes choses aient été combinées par des forces obéissant à une logique invincible qu'on ne saurait trop admirer.

Vainement les matérialistes invoqueraient l'influence des milieux ; car ces milieux, qui les dispose, si ce n'est une force qui les domine et qui a conscience d'un but à nous autres complétement inconnu ? Nous sommes comme la cire qui a servi au sculpteur pour former sa figurine, comme le marbre que l'architecte a employé dans la construction de son palais.

L'appel au surnaturel, que les marchands de miracles prodiguent, n'est donc qu'un aveu d'impuissance. C'est une preuve qu'ils sentent que leurs théories ne peuvent supporter le contrôle de la raison. Ils s'accusent eux-mêmes, puisqu'ils nient la compétence du seul juge qui existe ici-bas !

Les miracles qui nous suffisent, dirons-nous à ces imposteurs, sont ceux que nous montre Socrate buvant la ciguë, Washington fondant une grande République, Keppler découvrant les mouvements harmoniques des sphères, Galilée défendant le mouvement de la terre contre la superstition !

Ce sont ceux que réalise l'amour maternel chez les animaux les plus infimes, dans les profondeurs ténébreuses où les poissons défendent leur progéniture, dans le nid où l'aigle nourrit ses aiglons ! Vous avez beau nous montrer des christs qui saignent, des vierges qui remuent les yeux, du sang qui se liquéfie, des foudres qui réduisent les édifices en cendres, nous détournerons les yeux avec pitié ; si Dieu n'avait que de tels moyens de se faire connaître, serait-il préférable aux idoles barbouillées de sang du Dahomey ?

15

Le Dieu de la nature se montre dans le sourire de la mère qui regarde jouer son enfant, dans les baisers de l'amante qui garde la foi jurée ! C'est lui qui brille dans les derniers regards du soldat mourant pour sa patrie. Il parfume l'haleine embaumée des zéphirs, et il fait entendre sa voix puissante dans le murmure des océans. C'est lui qu'on sert quand on aime la justice, quand on admire la beauté, et quand on souffre pour l'humanité. Mais c'est aussi lui que l'on adore en démasquant le mensonge et en flagellant le vice.

CHAPITRE XXV.

Les étoiles filantes n'ont pas en partage, comme les autres météores dont il nous reste à nous occuper, le don d'exciter l'épouvante. Aussi, les marchands de miracles ont presque toujours dédaigné de s'en servir. Leurs apparitions sont du reste si fréquentes, surtout par un beau ciel d'été, qu'il est impossible de leur attribuer une influence néfaste sans mentir à toutes les analogies.

Les superstitions spontanées qu'elles ont fait naître, n'ont jamais été ni terribles, ni attristantes. Quand elles arrivent, c'est un bon génie qui se montre, c'est une âme qui fuit à tire d'ailes vers le purgatoire, un ange qui s'élance vers le paradis.

Quelques poètes ont imaginé que les souhaits formés pendant le rapide passage de ces inconnues sont toujours exaucés; mais leur règne est si court, leur éclat si fugitif, que les belles voyageuses sont rarement compromises par des vœux formés en temps utile pour être entendus.

Presque toujours celui qui leur adresse une prière improvisée a de bons prétextes pour s'accuser lui-même si elles n'ont point compris ce qu'il leur demandait.

Il est des nuits fatidiques où ces flammes fugitives tombent en légions, aussi nombreuses que les cigognes quand elles changent de climat. Malgré les efforts de nos astronomes, on ignore encore quelles zônes lointaines elles ont abandonnées pour venir se faire brûler; nul n'a pu dire de quel abîme sortaient les petits êtres que notre planète a broyés dans sa course échevelée. Nul ne sait vers quelles régions lointaines ils précipitent leurs pas. Ingénieux cette fois, les faiseurs de légendes ont comparé les étoiles filantes aux larmes que saint Laurent a dû verser sur son gril. Ovide n'aurait point rencontré une image plus charmante. Si jamais les marchands de miracles n'avaient fait que de la mythologie de cette espèce, ils auraient certainement trouvé grâce devant nous.

Beaucoup plus volumineux, les globes détonnants ont été moins bien accueillis. Pendant un grand nombre de siècles ils ont semé la terreur sur leurs pas. On ne s'imaginait point que c'étaient les frères des flammes mystérieuses et légères que les amoureux aiment à se montrer en riant! Leur seul crime est leur taille, qui, en effet, est énorme, si on les compare aux étoiles filantes. Car il y a entre elles et ces géants la même différence qu'entre des fourmis et des éléphants.

Les progrès de l'art d'observer la nature nous ont débarrassés de toutes ces divagations. On n'a même pas eu peur d'être écrasé par les derniers bolides dont l'Académie a recueilli les fragments. Il en est des bombes célestes comme des autres. A force d'en voir tomber autour de sa demeure, on finit par s'y habituer. Tout est épouvante pour l'ignorant qui ne connaît aucun des

événements que l'histoire de la nature aurait pu enregistrer. Tout devient effroi pour celui qui s'imagine être
le premier témoin d'un embrasement temporaire du fir-
mament. Aussi rien ne guérit aussi vite de la fièvre
intellectuelle qui se nomme superstition que la lecture
des *Annales académiques*, où tous les phénomènes rares sont enregistrés. Quand on pense que les plus vieilles
de ces chroniques savantes possèdent à peine deux siècles
de durée, on comprend que l'heure des derniers marchands de miracles ne tardera point longtemps à sonner !

On peut dire que l'astronomie nous a parfaitement
guéri de toutes les terreurs qu'inspiraient les comètes,
ces astres dont l'astrologie faisait un abus facile à concevoir. Car ils semblaient posséder tout ce qu'il faut pour
agir sur l'esprit inculte. Que d'effrois ont semés ces globes
à taille gigantesque, à figure étrange, à mouvement ir-
régulier ! Ne les voit-on pas s'approcher en quelque sorte
à pas lents de notre monde qu'ils paraissent convoiter ?
On dirait un animal qui guette une proie facile et qui va
la dévorer.

Si la cure a été complète, c'est à cause de la circonstance qui nous a si heureusement servis pour rendre les
éclipses inoffensives. Les comètes ont été détrônées à
partir du moment où les astronomes sont parvenus à
persuader au peuple qu'ils avaient soumis ces astres à
leurs formules. Les ignorants n'ont plus été saisis de
terreurs aussi avilissantes depuis qu'ils ont été con-
vaincus qu'ils n'avaient plus affaire à des astres déclassés.

Le procédé des savants a été, dans cette occasion, le

même que lorsqu'ils ont rassuré les populations épouvantées par les éclipses de soleil.

La comète qui a produit cette grande révolution dans l'opinion publique est celle qui porte le nom d'Halley. Grâce en soit rendue aux vaillants calculateurs qui ont accompli ce tour de force d'analyse, avec un dévouement dont l'histoire de l'astronomie a conservé les traces.

Toutefois, nous devons remarquer que la science moderne n'a pu rendre cet éminent service à la philosophie sans produire quelques inconvénients analogues à ceux que nous avons signalés plus haut.

Dans cette occasion, les savants ont encore exagéré la portée de leurs formules. Ils ont opéré de la même manière que quand ils se sont occupés de l'orbite des planètes. Que de raisons n'avaient-ils pas cependant pour être plus modestes? car les astres qui leur ont fourni de si grands triomphes permettent de faire les objections les plus sérieuses à leur théorie. Ainsi le retour périodique de la comète de Encke, que l'on voit revenir si fréquemment, révèle l'existence d'éléments que les astronomes ont certainement négligés dans toutes leurs prévisions des mouvements célestes. C'est précisément par les retards de ces globes que se manifeste l'existence d'un milieu céleste résistant.

Ce n'est pas tout, car les astronomes, peu habitués à l'étude de la nature, qu'ils ne voient qu'à travers de trompeuses équations, ont émis les idées les moins raisonnables que l'on puisse imaginer sur la matière de ces globes, et surtout sur la constitution de leur appendice caudal. Ce qui les a surtout fait déraisonner, c'est l'immense éventail lumineux qui les accompagne le plus souvent. On peut donc dire que ces étonnants jets de lumière n'ont point exercé une moins déplorable influence sur l'intelligence des académiciens que sur celle des populations ignorantes et terrifiées.

Les conséquences de ces rêveries bizarres ont été assez graves parfois pour troubler encore le repos des populations émancipées des erreurs de l'astrologie.

On a vu reparaître comme un écho à peine affaibli des anciennes préoccupations.

Newton, en parlant des suites terribles que pourrait avoir la rencontre d'une comète qui viendrait choquer la terre, avait dit que la Providence avait tout disposé pour rendre cette rencontre à jamais impossible. Lalande n'eut pas de peine à prouver que cette assertion était erronée. En tenant compte de la dimension qu'on était obligé de reconnaître dans certaines queues de comètes célèbres, l'habile et spirituel astronome arriva facilement à établir que Newton avait eu tort de supposer que la sagesse divine nous avait mis à l'abri d'un pareil désastre. Quoique les séances de l'Académie des sciences à laquelle Lalande avait présenté son mémoire fussent secrètes, le bruit se répandit partout qu'un astronome avait démontré qu'une comète allait rencontrer la terre. On exagéra les conséquences que Lalande avait eu la prétention de tirer de ses équations.

L'alarme que fit naître cette prédiction prétendue fut si universelle, que le lieutenant de police ordonna l'impression du mémoire, afin de rassurer le public. Le mémoire fut, en effet, lu avec une avidité extrême par toutes les classes de la société. Mais on demeura pendant longtemps persuadé que Lalande en avait atténué et modifié les termes par ordre des autorités.

Cependant, ces terreurs ridicules et ces exagérations n'ont point eu de suites graves, parce que les comètes sont entrées dans le domaine scientifique et sorties de celui des charlatans. On finira par comprendre que la queue de ces astres extraordinaires n'est qu'une simple apparence, qu'ils sont constitués par une matière transparente et gazeuse qui refuse de se mêler à la substance des cieux. Les erreurs n'ont plus la même portée; en somme, la vérité se fera jour, non parce que l'on n'a point raisonné de travers, mais parce qu'au lieu de rester un objet de terreur, les comètes sont devenues un sujet d'études et d'observation.

Il n'en est point autrement des pestes et des guerres, auxquelles on prétendait que les comètes donnaient autrefois naissance. Des guerres et des pestes éclateront encore, mais les philosophes finiront par faire comprendre à tous les peuples les moyens de prévenir ces horribles calamités, parce qu'on ne les attribue point à la volonté d'une divinité vengeresse.

En attendant cet heureux âge, qui n'est point encore voisin de nous, soyons prêts à tous les sacrifices que réclame le service de l'humanité et de notre patrie. Mais n'oublions jamais qu'un des moyens les plus efficaces de nous rendre utiles à nos semblables est de découvrir une explication simple, rationnelle et précise des phénomènes qui perturbent les intelligences débiles.

Si ce sujet ne nous entraînait trop loin des subterfuges employés par les marchands de miracles, et si du reste nous n'avions traité cette question dans un petit volume publié depuis une dizaine d'années, nous montrerions que la mort elle-même ne doit point être un objet d'épouvante pour nous. Combien il serait aisé de faire voir que sans crainte nous pouvons nous endormir dans les ténèbres éternelles, qui ne sont peut-être que le nom donné par notre ignorance à d'éternelles clartés !

Ah ! si l'on guérissait les hommes de la crainte de cet inconnu impénétrable, qui est le couronnement de notre vie ! Si l'on pouvait faire comprendre que l'idée de la mort n'est que l'avant-goût de l'infini, la sanctification de notre existence passagère et tourmentée. Si l'on pouvait apprendre au peuple à franchir, sans trembler, ces terribles portes devant lesquelles tant de génies ont hésité, nous serions bien près d'être libres, et les marchands de miracles n'auraient qu'à détaler !

CONCLUSIONS ATTARDÉES

Le livre que nous venons d'offrir au public était complétement composé; le tirage des premières feuilles avait même en déjà lieu, lorsqu'un événement inouï vint en arrêter subitement la publication. Inopinément l'empereur Napoléon III avait déclaré la guerre au roi de Prusse. Cet acte, qui consterna tous les bons citoyens, était commis aux applaudissements du Sénat, du Corps Législatif, et d'une multitude abusée.....

Dorénavant il ne pouvait être question de s'occuper de science ou de philosophie. La France se trouvait lancée dans une aventure dont elle ne pouvait sortir triomphante que par un miracle de patriotisme, sur lequel il n'était certainement point raisonnable de compter. Etait-ce après un long sommeil léthargique, que, nouvelle princesse au Bois Dormant, une grande nation devait se réveiller rayonnante d'héroïsme, de dévouement! C'est seulement dans le pays des enchanteurs et des fées que l'on peut exiger des soldats de racheter la lâcheté et l'ignorance des chefs. Il aurait fallu la baguette d'une Nécromancienne, pour que des paysans qui la veille tremblaient devant les gardes-champêtres et les gendarmes, pussent chasser à coups de fusil les uhlans !

Rarement auteur a désiré aussi ardemment de s'être trompé dans ses sinistres appréhensions ! Que n'aurions-nous donné pour pouvoir compter sur des merveilles dont la froide raison proclamait l'impossibilité ! Hélas ! la République elle-même n'a guère eu plus de puissance que la Madone aux pieds de laquelle les malheureux vont se prosterner !

Des actes de dévoûment, quelques victoires partielles, des faits d'armes isolés ont diminué la honte, mais rien n'a évité la défaite qui venait couronner vingt ans de despotisme et d'aveuglement. Le gouvernement de la Défense nationale n'a pas pu improviser des légions de héros. Autant aurait valu faire comme l'enchanteresse de la fable, et semer en terre des dents de serpent avec l'espérance de récolter d'invincibles soldats !

Puissions-nous avoir réussi à dévoiler la manière dont les marchands de miracles sont parvenus à établir parmi nous leurs horribles superstitions ! Car la tâche pénible que nous nous sommes imposée a acquis une importance considérable, à la suite des événements qui se sont accomplis pendant que ce volume sommeillait. Ce qui était urgent lorsque l'on aurait pu empêcher nos désastres, est devenu indispensable aujourd'hui qu'il s'agit de les réparer.

Ne faut-il pas justifier la philosophie des excès dont nous avons gémi, et contre lesquels nous aurions voulu trouver des mots nouveaux ? Devons-nous laisser

la raison solidaire de ces crimes commis dans une ville
où la raison est périodiquement outragée par de scanda-
leuses foires aux superstitions ?

L'histoire de nos déceptions, de nos désespoirs, de nos
discordes civiles, se trouve écrite en quelque sorte à
l'avance dans la préface de notre opuscule. Le peuple
qui s'était engoué du zouave guérisseur, devait être à la
merci des premiers marchands d'orviétan politique, pro-
mettant une panacée universelle pour guérir tous les
maux de la patrie. Que de calomniateurs et de traitres
futurs, dans ces foules qui encombraient la rue de la
Roquette ! Qu'il y avait en germe de folies, de divagations insensées, de désespoirs stupides dans la cervelle de
ces pauvres diables, qui bloquaient la grande avenue du
cimetière, sous prétexte de trouver la guérison de
leurs maux, dans un regard du marchand de santé !

Ces sinistres folies épidémiques se développent dans le
sein des populations superstitieuses, toutes les fois qu'elles
se trouvent placées sous l'influence de situations aussi
épouvantables, aussi sûrement que le baril de poudre
éclate lorsqu'on y met le feu. La garantie contre le
pétrole, ce n'est point le gendarme, mais une raison
froide et calme qu'on ne rencontre point dans les villes
où les marchands de miracles vendent si facilement leurs
marchandises.

Paris, notre belle et intelligente patrie, a perdu la
raison comme Jérusalem lorsque les Israélites se sont
aperçus que le Messie ne venait point délivrer le
saint des saints. Les massacres dont Josèphe nous a con-

servé l'histoire nous épouvantent encore. On ne peut en lire le récit sans sentir un frisson pénétrer jusque dans la moelle des os. Mais quels sont les vrais coupables de ces boucheries humaines? Pourquoi les zélateurs se sont-ils baignés dans le sang? Pourquoi les Juifs ont-ils attiré sur leur capitale et sur leur temple des calamités sans exemple, presque sans nom?

Jérusalem eût échappé à son triste sort sans l'énergie des superstitions publiques, sans l'ardeur avec laquelle le peuple d'Israël comptait sur la protection exclusive du Très-Haut.

Les causes de la guerre affreuse qui a dévasté les rues de notre ville natale, n'ont point une autre source. Si le peuple de Paris avait été plus éclairé, il n'aurait peut-être point été plus héroïque pendant la guerre, mais il aurait plus patiemment supporté l'adversité. Il ne se serait point laissé aller à de perfides conseils, entretenant une colère utile aux ennemis de la patrie!

Parmi les victimes que la multitude aveuglée a frappées, se trouvent un grand nombre d'hommes appartenant à l'Eglise catholique. L'Eglise peut justement les mettre au rang de ses martyrs, car jamais confesseurs n'ont succombé à des mains plus scélérates, dans des circonstances aussi dignes d'exciter la pitié!

Que ne nous a-t-il été donné de les défendre, car nous eussions avec bonheur, versé notre sang pour les protéger contre les bandes qui les ont frappés sans pitié.

Mais nous étions proscrit nous-même, errant loin de notre cher Paris, gémissant sur des crimes que nous n'avions pu prévenir, qu'il nous était même impossible de songer à combattre les armes à la main! Malgré nous, nous étions réduit au rôle de spectateur. Notre seule consolation est d'avoir joint notre voix à celles qui s'opposaient à ce que l'on confondit la cause de la République avec celle des scélérats.

Jamais nous n'avons fait aux prêtres fusillés l'injustice de les confondre avec les marchands de miracles dont nous avons poursuivi les supercheries. Nous sommes persuadé qu'on trouverait dans les rangs du clergé français bien des hommes dignes de figurer à côté de l'abbé Thiers, de combattre comme lui des superstitions que favorise la secte ultramontaine. Cependant il nous a paru utile de laisser écouler quelques mois avant de reprendre notre tâche. Il ne fallait point que l'on pût croire que nous continuions l'œuvre de la grande Roquette et de la barrière d'Italie.

Mais que l'on ne s'y trompe point, si les haines antireligieuses ont atteint de nos jours une si grande intensité, s'il a pu germer de telles pensées, c'est pour ainsi dire uniquement à cause des superstitions que nous avons essayé de dévoiler. Nous sommes plus catholique que le pape qui les tolère, nous, infidèle et mécréant qui les attaquons.

Les efforts des marchands de miracles pour confondre leur cause avec celle de la Religion, ne sont point seulement funestes à la religion catholique, mais encore à l'idée chrétienne et à la philosophie pure. On peut dire qu'ils compromettent même l'Immortalité de l'âme et

l'existence de Dieu ; car les fraudes, commises par ces irréconciliables avec la raison, expliquent des tentatives insensées pour secouer le joug de toute morale qui ne les condamne point, de toute philosophie qui ne les combat point ! Ils rendent impitoyablement suspects tous ceux qui les tolèrent par faiblesse, par indifférence, ou par une autre raison. Les plus fervents propagateurs des conceptions athéistes, sont ces exagérés qui pervertissent la raison publique ; en proclamant sans relâche de folles merveilles, ils croient mettre l'insanité sous la protection de l'autel et du trône dans les pays où le trône n'a point été brisé ! C'est le trône et l'autel dont ils menacent les fondements, préparant non une révolution avouable, mais une affreuse décomposition. C'est la société qu'ils peuvent mener aux abîmes, même sous un gouvernement républicain.

La vérité de cette assertion se démontrerait, hélas ! bien facilement, s'il nous était permis, sans nous écarter de notre sujet, de résumer l'histoire de nos derniers troubles.

Que faisaient-ils du temps de Bonaparte, ces scélérats dont les procès des conseils de guerre ont dévoilé la dépravation ? Quels excès n'ont pas commis des femmes prêtes à se prosterner devant des Madones, et ces forcenés échappés des sacristies ? Quels avaient été les instituteurs de ces foules immondes, de ces meutes à figures humaines ?

Mais nous en avons peut-être trop dit sur toutes ces

horreurs, dont il serait à désirer que le souvenir périsse, car ce n'est jamais sans peine et sans répugnance que nous y attachons désormais notre pensée !

Jamais peuple ne s'est trouvé dans des circonstances aussi solennelles que celles au milieu desquelles nous procédons à notre régénération nationale. Jamais difficultés plus grandes n'ont accompagné une tâche aussi noble, aussi urgente et naguère encore aussi désespérée.

Nous avons été battus comme jamais les Perses ne l'ont été par les Grecs, ni les Syriens par les Romains. En quelques mois nous sommes tombés de la tête à la queue des nations européennes. On nous a enlevé des provinces, malgré le vœu, unanime des populations. On nous a imposé des tributs que les Grecs du Bas-Empire auraient refusé de payer. On a déchaîné une guerre civile dont les fureurs ont dépassé celles de la Saint-Barthélemy. On voit des prétendants libérés de l'exil convoiter le suprême pouvoir avec une audace dont les trente tyrans auraient rougi.

Que nous reste-t-il pour sauver la patrie, pour reconquérir notre légitime influence, pour sauver notre langue, notre science et nos arts, pour arrêter l'ennemi dans ses convoitises, pour entretenir le feu sacré, l'espoir patriotique dans le sein des populations annexées ?

Que nous reste-t-il, si nous ne nous servons point des armes intellectuelles qui sont entre les mains de tout penseur, dans un pays réellement maitre de ses destinées ?

Nous eussions donc été un détestable citoyen si nous

eussions tardé plus longtemps à publier des pages écrites sous le règne de Napoléon III , si nous eussions supprimé l'étude approfondie que nous avions, de propos délibéré, destinée à la publicité à une époque où l'on ne pouvait deviner ni le 4 septembre, ni Sedan. Est-ce que les crimes de quelques assassins , qui nous auront honoré de leur haine, auraient le privilége de nous condamner au silence , ce que le despotisme n'est jamais parvenu à faire ? Car toujours , même dans les plus mauvais temps de l'Empire, nous sommes parvenu à dire à peu près notre pensée. Quoi ! ces horreurs nous eussent obligé à nous taire sur des superstitions sans lesquelles elles n'eussent point été commises! Car, j'en atteste l'esprit aux ailes de flamme qui veille encore sur les destinées de la France, sans ces miracles stupides , sans ces théories hideuses, l'Empire n'aurait pas duré assez longtemps pour vicier l'esprit public et corrompre le bon sens populaire.

Cette rue du Rosier, où se sont commis les premiers crimes, est limitrophe du sanctuaire où Loyola a fondé sa secte liberticide. Les poignards des Jésuites se sont pour ainsi dire aiguisés sur la même pierre que les baïonnettes des assassins de Lecomte et de Clément Thomas !

Par suite de hasards que nous ne pouvions prévoir, c'est notre frère, Arthur de Fonvielle, qui a été chargé de faire cesser le culte dans le Panthéon. Mais nous n'avons éprouvé aucune joie en voyant que justice était faite à nos réclamations, avant même qu'elles fussent publiées. Les malheurs de la patrie nous rendaient insensible à une mesure réparatrice qu'en d'autres temps nous eussions acclamée. Que disons-nous, nous n'avons même pas encore aujourd'hui le courage de nous réjouir, en songeant que c'est encore notre frère qui a eu l'honneur de faire transporter la statue de Voltaire, l'apôtre de la tolérance, devant la mairie du XIe arrondissement.

Nous n'avons apporté, dans l'étude de ces fraudes sacriléges, aucun esprit hostile à la religion catholique.

Comme nous l'avons déclaré à plusieurs reprises, nous la respectons au même titre que toutes les croyances religieuses, par obéissance aux lois constitutives de l'Etat. Qu'on ne pense pas que nous voulons faire les affaires d'une autre secte quand nous nous efforçons de mettre impartialement toutes les sectes sur le même plan. Car le Dieu auquel nous croyons ne nous paraît point ressembler à celui que dépeignent les révélations. Il nous semble que c'est le rapetisser et le faire en quelque sorte à notre image, que de chercher à peindre ses sublimes qualités ! La seule manière de le servir nous paraît être de venger le bon sens, la raison outragés.

Si ce livre était à refaire, nous serions beaucoup plus sévère pour nous-même que nous l'avons été, parce que le 4 septembre, en nous rendant nos droits, nous a imposé des devoirs sérieux.

La République n'est point une souveraine qui peut se compromettre par d'indignes complaisances. Nous devons dorénavant apporter à tous nos actes une décence et une modération que l'on ne pouvait exiger des sujets de Napoléon III. Les prêtres et les dévots ne sont pas les seuls qui doivent se séparer de leurs amis enragés. Les libres penseurs eux-mêmes ne seraient pas moins compromis que l'Eglise tolérant les miracles, s'ils suivaient leurs anciens errements. Les philosophes doivent faire oublier qu'ils ont conservé, pendant toute la durée de l'Empire, trop d'indulgence pour leurs faiseurs de tours et leurs charlatans.

Tous les spirites, tous les tourneurs de table, tous les marchands de panacée sociale, montreurs de lanternes magiques et fabricants de paradis au rabais, révélateurs et évocateurs, fils de Mesmer ou d'Hannehman, derviches hurleurs, ou raccommodeurs de religions fêlées, tous ces théologastres, physiognomistes, doivent être traités comme les toucheurs d'écrouelles.

Puissions-nous parvenir à faire comprendre la nécessité de cette croisade philosophique ! Puissent de plus robustes travailleurs venir prendre la plume qui pourrait être arrachée de nos trop débiles mains ! Puissions-nous avoir réussi à augmenter le nombre de ceux qui, sans sortir du doute rationnel commandé par la logique en tant de matières, savent cependant sacrifier aux dieux inconnus. Alors nous n'aurons pas perdu le fruit de nos veilles. Nous aurons remporté la plus belle récompense qu'il nous ait été jamais donné d'ambitionner.

En tout cas, nous supplions le lecteur de réfléchir sur les passages qui le peuvent blesser, avant de nous condamner définitivement. Nous sommes persuadé que nous n'avons jamais attaqué personne pour sa foi, et que ceux que nous avons été obligé de condamner avec quelque sévérité ne l'ont jamais été en qualité de prêtres du Christ, de Jupiter ou de Mahomet. Nous n'avons flétri que les imposteurs publics et les menteurs éhontés.

Malgré les critiques nombreuses que nous avons été obligé de faire à nos concitoyens, nous sommes loin de partager les erreurs de ces sophistes qui crient à la décadence du peuple français. Nous sommes en train de nous régénérer par le sang et par la liberté.

Mais pour que la France soit mise en état de reconquérir le rang qui lui appartient dans le concert des nations éclairées, il ne suffit point de réorganiser l'armée. Les marchands de miracles ont exploité les malheurs publics avec une audace qui semble elle-même jusqu'à un certain point miraculeuse. La sainte Vierge se montre en Savoie et en Bretagne. Des guérisons surnaturelles ont lieu dans le département du Nord, dans celui de la Vienne, dans celui de la Charente. Les faits merveilleux sont plus communs sur le territoire de la République que sur celui de l'empire.

Non-seulement des visions, des supercheries nouvelles viennent s'ajouter à celles dont nous avons tracé le tableau, mais des hagiographes recueillent avec un sang-froid imperturbable les moindres détails de celles que nous avons signalées à nos lecteurs. On réunit pieusement les événements que nous avons dédaignés, et tous ceux qui nous ont échappé pendant la pénible instruction à laquelle nous nous sommes livré avant d'écrire ce livre. Les moindres parcelles de ces mensonges sacrilèges sont conservées à l'admiration des piétistes, sous le nom de voix mystérieuses. On médite de vieilles prophéties, on commente les paroles de la vierge de la Salette. Il semble que l'esprit de mensonge et de ténèbres s'apprête à livrer un dernier combat sur le sol de notre pauvre France!

Notre *Physique des miracles* n'était point encore parue, qu'il aurait fallu rédiger un supplément aussi important peut-être que l'ouvrage lui-même, pour réfuter ce tas de billevesées inventées pendant les angoisses de la République française.

Mais en examinant avec soin ces nouvelles merveilles, nous n'avons pas tardé à nous apercevoir qu'elles sont en quelque sorte d'une espèce inférieure à celles dont nous nous sommes occupés. Les apparitions sont plus grossières, les ruses plus transparentes, le charlatanisme plus effronté. Il est facile de voir que les marchands de miracles se sont sentis plus à leur aise. Ils semblent qu'ils aient moins redouté la critique indépendante! On pourrait croire qu'ils se sont persuadé que les sarcasmes de la philosophie ne pourraient plus les atteindre.

Certes, les crimes de la Commune ne les ont point rendus invulnérables. Mais nous ne condamnerons point nos lecteurs à lire l'insipide récit de stupides stratagèmes, de ruses tellement grossières qu'elles pourraient être exploitées par nos ennemis. Est-ce que nos vainqueurs n'auraient pas quelque droit de tourner en dérision un peuple chez qui de pareilles comédies sont possibles! Que dire, hélas, de populations qui sont assez crédules pour que l'on puisse trouver dans leur sein des dupes pour des farces aussi indécentes?

Toutefois, il nous est impossible de ne point dire quelques mots de l'apparition de Pontmain, qui est en quelque sorte devenue classique, à la suite d'un mandement approbatif de monseigneur l'évêque de Laval. Le *Siècle* a également fait à cet événement, que le pape seul a le droit de transformer en miracle, les honneurs d'un feuilleton dû à la plume indépendante de M. Georges Pouchet.

C'est dans les derniers jours de la triste guerre que la prétendue vision se produisit. Il était cinq heures et demie du soir, et les étoiles commençaient à briller au ciel, lorsque le petit Eugène Bardette, âgé de 12 ans, s'écria qu'il voyait la sainte Vierge sur le toit d'une maison voisine. Le voyant se trouvait sur le seuil d'une chaumière de Pontmain, petit village des environs de Laval. Le frère cadet d'Eugène, accourant sur le seuil de la grange dont son frère venait de sortir, s'écria : « Voyez la sainte Vierge ! » La description que donna Joseph fut pareille à celle que donna Eugène.

Est-il besoin de faire remarquer que cette vision aperçue par les deux frères, en présence de témoins qui ne voyaient rien du tout, semble avoir été calquée sur celles de la petite Bernadette dans la grotte de Lourdes ?

Les historiens du miracle de Pontmain entrent dans les plus minutieux détails sur les émotions du père et de la mère des deux voyants, sur les allées et venues des sœurs de l'Espérance, sur les mouvements du curé et de son vicaire, et l'arrivée des habitants du village.

Enfin on trouva parmi les élèves des sœurs deux jeunes filles à peu près du même âge que les deux voyants, qui contrôlèrent et corroborèrent leur dire.

Jusqu'à neuf heures moins un quart l'apparition se continua devant une soixantaine de paysans abrutis par la peur des Prussiens, qui approchaient du village ; ils écarquillaient leurs yeux sans rien voir que quatre polissons qui regardaient les étoiles.

A force de chanter des *magnificat*, des *ave maris stella*, des litanies en l'honneur de la mère de Dieu, des hymnes à la louange des saints martyrs japonais, les assistants obtinrent que la sainte Vierge manifestât ses volontés. Les quatre voyants s'écrièrent tout d'une voix qu'ils avaient lu sur une banderolle bleu d'azur cette inscription mémorable : *Mais priez, mes enfants, Dieu vous exaucera en peu de temps.*

Le point qui terminait la sentence était brillant comme un soleil, quoiqu'il n'apparût qu'aux yeux des voyants.

Au-dessous se trouvait encore la phrase :

Mon fils se laisse toucher.

Et plus bas une ligne noire pour indiquer que la Vierge avait cessé de parler, qu'il était temps par conséquent de songer à se reposer des émotions de ce jour rempli de saintes merveilles.

La précision des détails donnés par les voyants, la longueur de la comédie, tout cela exclue l'idée d'une hallucination commune en temps d'émotions publiques, explication à laquelle paraît s'arrêter M. Pouchet.

Il est plus logique de reconnaître une supercherie pure et simple, sans circonstances atténuantes. Les enfants

sans instruction s'y prêtent très-facilement et finissent
en quelque sorte par s'identifier avec leurs mensonges.
La facilité avec laquelle les pupilles de la Commune se
sont laissé embrigader par ce monstrueux gouvernement,
ne justifie que trop, hélas, notre manière de voir !

Mais n'a-t-elle point été partagée par les auteurs du
Code civil, qui n'acceptent jamais le témoignage des enfants comme complétement valable? En effet, les tribunaux ne les accueillent qu'à titre de simple renseigne-
ment. Je doute qu'il se soit jamais trouvé un tribunal
français pour condamner un accusé contre lequel il
n'existait point d'autres preuves.

Combien est différente la conduite des marchands de
miracles qui se servent presque toujours de pareils éléments pour construire leurs sacriléges échafaudages. La
Salette, Lourdes et Pontmain n'ont eu pour spectateurs
que des enfants dont tout tribunal sérieux aurait récusé
ce témoignage. Voilà les intelligences dont la Vierge se
servirait pour manifester sa puissance !

S'il était besoin de nouveaux arguments pour démontrer la nécessité d'une solide instruction nationale, la
fréquence et la nature de ces supercheries seraient d'un
puissant secours. Mais nous ne sommes point réduit à
démontrer qu'un gouvernement républicain doit répandre
des lumières, qui seules peuvent le protéger contre ses
ennemis également dangereux, qu'ils soient les fanatiques
de Marat ou les séides de Loyola, qu'ils rêvent une
nouvelle Commune ou une restauration quelconque.

16

TABLE DES CHAPITRES

TABLE DES GRAVURES

Périgueux. — Imprimerie Dupont et Cⁱᵉ.